可食景观设计

赵晶 著

U0194403

化学工业出版社

·北京·

内容简介

本书围绕可食景观设计这一话题展开，首先介绍可食景观设计的相关理论研究和综述，包括可食景观的概念解释、发展历史、功能特点、面临的问题，可食景观的设计原则、构成要素与布局，可食景观色彩设计与植物空间营造，可食景观与公共健康，可食景观与学校教育，可食景观与城市绿地，可食景观与乡村振兴。然后对一些比较有代表性的可食景观建成案例进行了比较细致的分析，包括项目背景、设计特色、建成效果等内容。

本书适合城乡规划、建筑学、园林景观等专业的师生及相关行业的从业人员阅读，同时也为热爱生活、热爱园艺、热爱美食的人们提供参考，为社区、教育工作者以及休闲农业等从业者提供技术支持和设计营造帮助。

图书在版编目（CIP）数据

可食景观设计/赵晶著. —北京：化学工业出版
社，2023.6（2024.10重印）
　ISBN 978-7-122-43587-3

　Ⅰ.①可…　Ⅱ.①赵…　Ⅲ.①景观设计
Ⅳ.①TU986.2

　中国国家版本馆CIP数据核字（2023）第101155号

责任编辑：毕小山　　　　　　　　装帧设计：韩　飞
责任校对：宋　玮

出版发行：化学工业出版社（北京市东城区青年湖南街13号　邮政编码100011）
印　　装：涿州市般润文化传播有限公司
710mm×1000mm　1/16　印张15　彩插7　字数226千字
2024年10月北京第1版第3次印刷

购书咨询：010-64518888　　　　　　售后服务：010-64518899
网　址：http://www.cip.com.cn
凡购买本书，如有缺损质量问题，本社销售中心负责调换。

定　价：78.00元　　　　　　　　　版权所有　违者必究

前　言

　　2014年，我的女儿出生了。伴随着孩子的成长，我开始关注儿童自然教育及城市食品安全问题。为了能更好地给社区中的孩子们提供绿色蔬菜及接触自然的机会，我和邻居们发起了"艺米菜园"营建活动。以家庭为单位带领孩子们一起耕种，一起收获，在这个过程中感受自然的力量，同时为每个家庭提供绿色食材。这是我第一次与可食景观的邂逅，它开启了我与可食景观、与生活的美好之旅。

　　随着城市的不断发展，伴随我们千年的农耕文明慢慢淡出人们的生活，田园生活成为一种理想状态。社会与科技的不断进步带来了生活的便利与舒适，但同时，粮食危机、食物及土地污染、资源枯竭、亚健康等问题也随之而来。可食景观设计的核心在于以"食物、栽种、环境营造"为抓手，加深人们对城市变迁中人与环境、人与人的关联性的认识。让孩子们有更多机会感受自然的无限可能；让年轻人在工作之余感受田园之美的惬意；让老人们有更多场景体验园艺操作的美好。

　　本书从可食景观的概念谈起，介绍可食景观的发展历史和类型，通过可食景观与公共健康、可食景观与学校教育、可食景观与城市绿地及可食景观与乡村振兴等角度探讨可食景观设计相关问题。将设计原理与实践案例相结合，具有一定的系统性、理论性和客观性，希望为景观设计师、城市管理者、大专院校师生、园艺及美食爱好者提供参考。

　　本书中的图片除作者拍摄以外，还有一些由设计单位提供，在此谨表谢忱。

本书的编写得到了高健老师、刘悦来老师、李自若老师、张卡拉、张志伟、黄宏聚、陈小龙的大力支持，提供了部分可食景观实践案例，在此表示衷心感谢。

由于时间仓促，加之能力有限，书中难免有所纰漏，敬请读者批评指正。

赵 晶

2023 年 4 月

目　录

001　　**第 1 章　可食景观概述**

002　　**1.1　概念解析**
004　　1.1.1　什么是可食景观
005　　1.1.2　与可食景观相关的名词
011　　1.1.3　可食景观相关理论

014　　**1.2　可食景观的发展历史**
014　　1.2.1　西方可食景观的发展历史
017　　1.2.2　中国可食景观的发展历史

019　　**1.3　可食景观的功能**
019　　1.3.1　经济发展角度
019　　1.3.2　社会发展及公众角度
021　　1.3.3　生态环境角度
021　　1.3.4　文化发展角度

022　　**1.4　可食景观的类型与特点**
022　　1.4.1　可食景观的类型
032　　1.4.2　可食景观的特点

033　　**1.5　可食景观需要解决的问题**
033　　1.5.1　公众对于可食景观认识问题

034 1.5.2 景观功能与生产功能结合问题

034 1.5.3 后期管理及养护问题

034 1.5.4 物质产出分配问题

035 **第2章 可食景观的设计原则、构成要素与布局**

036 **2.1 可食景观设计原则**

036 2.1.1 生态优先、可持续发展原则

037 2.1.2 保证生产、便于参与原则

037 2.1.3 因地制宜、地域特色原则

038 2.1.4 统筹安排、合理布局原则

038 **2.2 可食景观的构成要素**

038 2.2.1 环境要素

041 2.2.2 景观要素

042 **2.3 可食景观的布局**

042 2.3.1 构图

051 2.3.2 功能

052 2.3.3 观赏点与视距的选择

055 2.3.4 布局形式

057 **第3章 可食景观色彩设计与植物空间营造**

058 **3.1 可食景观色彩设计**

058 3.1.1 色彩的三属性

059 3.1.2 色彩的印象

059 3.1.3 色彩的心理效应

061 3.1.4 色彩的分类

062　3.1.5　光线的效果

3.2　可食景观植物空间营造　063

063　3.2.1　可食景观中植物的观赏特性
070　3.2.2　可食景观中植物营造的影响因素
072　3.2.3　可食景观中的种植设计
086　3.2.4　可食景观中植物材料的选择

098　**第4章　可食景观与公共健康**

099　**4.1　关于公共健康的思考**

100　**4.2　可食景观对公共健康的效用**

100　4.2.1　生理健康
101　4.2.2　心理健康
103　4.2.3　社会健康
103　4.2.4　食物与环境健康

104　**4.3　可食景观对于改善公共健康的设计探索**

104　4.3.1　加强视觉接触，鼓励主动参与
104　4.3.2　注重环境友好，发展生态种植
105　4.3.3　发挥植物环境价值，调动多感官体验

108　**第5章　可食景观与学校教育**

109　**5.1　可食景观运用于学校中的价值**

110　5.1.1　观赏和参与价值
111　5.1.2　教育与科普价值
111　5.1.3　经济与生态价值

112   **5.2 可食景观在学校中的发展现状**

117   **5.3 校园可食景观设计策略**

117   5.3.1 满足校园园林绿地功能

118   5.3.2 结合课程内容开展设计工作

118   5.3.3 优化可食景观建设空间

119   5.3.4 关注不同年龄段学生的特点

122   5.3.5 注重可食景观的趣味性打造

122   5.3.6 健全校园可食景观管理机制

123   **第 6 章 可食景观与城市绿地**

124   **6.1 可食景观与居住区绿地**

125   6.1.1 可食景观在居住区绿地中的价值

128   6.1.2 可食景观与城市老旧居住区更新

129   6.1.3 居住区中可食景观设计用地的选择

130   **6.2 可食景观与公园绿地**

130   6.2.1 可食景观在公园绿地中的应用价值

131   6.2.2 可食景观在不同类型公园绿地中的应用

136   **6.3 可食景观在城市绿地中的设计策略**

136   6.3.1 以人为本，注重公众参与

136   6.3.2 尊重环境，体现地域特色

137   6.3.3 特色分区，营造宜人空间

138   6.3.4 有序发展，科学管理

138   **6.4 可食景观应用于城市绿地中所面临的问题**

138   6.4.1 可食用植物在城市绿地中的应用问题

141   6.4.2 相关技术缺乏

141　6.4.3　公众参与中的"公地悲剧"问题

143　第7章　可食景观与乡村振兴

145　7.1　乡村与城市可食景观的区别
145　7.1.1　发展原因的区别
146　7.1.2　景观价值的区别
146　7.1.3　设计与管理的区别

147　7.2　可食景观与乡村景观的关系
147　7.2.1　可食景观促进乡村景观发展
148　7.2.2　乡村景观助力可食景观营造

149　7.3　乡村可食景观的设计策略
149　7.3.1　合理利用土地，可持续发展规划
149　7.3.2　主题概念明确，活动内容多元
150　7.3.3　设计就地取材，融入景观之美
150　7.3.4　加强宣传引导，注重科学管理

152　第8章　可食景观案例赏析

153　8.1　武汉·脉动生态花园
153　8.1.1　项目背景
155　8.1.2　设计特色
159　8.1.3　建成效果

161　8.2　广州·秾好植物园
161　8.2.1　项目背景
164　8.2.2　可食用校园计划

164   8.2.3 设计历程

166   8.2.4 设计特色

170   8.2.5 建成效果

171   **8.3 深圳·太子湾学校共建花园**

171   8.3.1 项目背景

173   8.3.2 设计策略

174   8.3.3 设计特色

179   8.3.4 建成效果

179   **8.4 上海·创智农园**

179   8.4.1 项目背景

180   8.4.2 设计特色

188   8.4.3 建成效果

188   **8.5 广州·卡拉的可食花园**

189   8.5.1 项目背景

190   8.5.2 设计特色

198   8.5.3 建成效果

198   **8.6 杭州·乡里共生生态农场**

199   8.6.1 项目背景

200   8.6.2 设计特色

209   8.6.3 建成效果

212   **8.7 大连·向日葵农场**

212   8.7.1 项目背景

212   8.7.2 三维立体农业模式

213   8.7.3 设计特色

225   8.7.4 建成效果

228   **参考文献**

第1章　可食景观概述

1.1　概念解析

种花的园子和菜园之间没有过细的区别；

不会只有单一的喜悦；

而是综合眼福和口福所有开心的感觉……

你一会儿摘一朵蔷薇，一会儿又摘一捧蔓越；

你时而闻到茉莉的芳香，时而又喝着美味的醋栗汁。

图1-1　乔治·艾略特

这是英国著名作家乔治·艾略特（图1-1）在回忆她童年时的一座旧花园时写道的。对于艾略特来说，花园和菜园是儿时不可分割的美好生活场景。在这里，她不断地被各种食物和自然的芬芳所滋养着。

吉维尼小镇是法国西海岸诺曼底的典型农村，因法国画家克劳德·莫奈的花园而闻名于世（图1-2、图1-3）。著名画作《睡莲》就是在这座花园里创作的（图1-4）。除了他的画作，莫奈最为得意的就是他的这所园子。莫奈在这里度过了长达四十年的创作生涯。这个花

图1-2 莫奈的花园

图1-3 莫奈在花园里

图1-4 莫奈作品《睡莲》

园除了是他艺术的伊甸园，还是餐桌上的美食基地。花园里栽种了樱桃树、苹果树、蔬菜和地中海草药等作物。莫奈查阅了卢瓦尔河谷和塞纳河流域的种子目录，甚至每到一个地方都收集一些种子和植物，回来后跟园丁交流种植技巧，以便丰富自己的花园食物。

从作家笔下的花园到画家营造的花园，无不彰显着植物和园艺的魅力。在他们的花园中从不缺少可食用植物的身影。食物是人类生存的基本需求之一。食物对经济发展的重要性不可忽视，它还为城市的宜居化提供了新思路。食物不仅是生存必需品，还是绝大多数人乐于与人分享的生活享受品。在很多文化中，食物都是庆典和生活保障的代表。几乎所有人都参与过以食物为主题的仪式或庆典，无论是在生日、家庭聚会，还是和朋友相聚时。

1.1.1　什么是可食景观

可食景观并不是简单地种地，而是将园林设计应用到农作物种植园区，或将可食用植物应用到园林景观设计中，根据植物的颜色、生长发育状态、生产周期等特性，进行城市景观的设计营造。在发挥城市景观"美"的功能基础上，将景观设计与都市农业结合，利用城市公园、街道、居住区、办公园区等空间栽培果树，种植蔬菜，创办药圃等，为城市居民提供亲近自然、参与劳作、社区交往的空间。可食景观概念的核心在于以"食物、栽种、环境营造"对都市变迁中人与环境、人与人的关联性进行改善和再造。根据中国城市发展特点以及景观设计现状，可食景观的营造不仅能满足城市居民审美、食用等需求，也可为城市居民提供交往空间和园艺操作空间。可食景观是城市绿地系统的有机组成部分，是利用可供人类食用的植物、果蔬、药材、香草等通过园林美学设计手法构建的景观，兼具景观美学和生产功能，是景观与自然、城市与乡村、美观与食用的融合，是具有生态、社会和经济效益，集景观观赏性、可食生产性、活动参与性及生态多样性于一体的景观类型。可食景观注重公众的参与性、实践性及教育性，近些年越来越受到人们的

图1-5　G20杭州峰会期间良渚大陆村边的稻田大地艺术

关注，为现代城市建设及治理、乡村可持续发展及自然教育方面提供了新的可能性与思路。

1.1.2　与可食景观相关的名词

（1）可食地景（edible landscape）

美国园林设计师、环保主义者罗伯特·库克于1982年完成《可食地景完全指南》一书，将"可食地景"这一理念带入主流园林景观设计中。可食地景指的是运用设计生态园林的技术方式来营造果园、农园，使其富有美感和生态价值，将各类原本仅用于生产的园林赋予更丰富的美感和生态价值，例如G20杭州峰会期间良渚大陆村边的稻田大地艺术（图1-5）。

（2）都市农业（urban agriculture）

20世纪50年代初，美国一些经济学家开始研究都市农业。1977年美国农业经济学家艾伦·尼斯在《日本农业模式》中正式提出"都市农业"的概念。它被定义为一种在城市范围内进行的，直接服务于城市需求的特殊农业活动。

都市是人类社会发展的聚居形态之一，其由乡村逐渐演变而来。农业是人类利用自然环境条件，依靠生物的生理活动机能，通过劳动来强化和控制其生命活动过程，以取得所需要的物质产品的生产事业。农业一直以来都成长在乡村的沃土中，但是随着世界城镇化进程的加快，预计到2050年，全球2/3的人口将生活在城镇中。耕地占用、城乡分异、环境恶化等问题不断凸显，这就需要激活乡村与城市之间的对话空间，建立二者之间相互依存的关系。无论从遏制城市无序扩张、保护耕地的角度，还是从实现当地食品供给、减少食物运输污染、降低本地对外粮食依赖度、提高城市弹性的角度，还是从促进景观与环境的连续性与保持生物多样性的角度，抑或是从促进城乡空间与功能的融合，推动相关产业发展与提供失地农民就业机会的角度出发，运用都市农业策略实现资源生产与消耗的平衡都是可行的。

（3）生产性景观（productive landscape）

随着人口规模的不断扩张及气候变化越来越严峻，重新定义城市食物、水和其他资源的生产消费方式，是城市未来要走可持续发展道路不可避免的课题。生产性景观来源于生活和生产劳动，包含人对自然的生产改造（如农业生产）和对自然资源的再加工（工业生产），是一种有生命、有文化、能长期继承、有明显物质产出的景观。生产性景观一般规模较大，人类活动痕迹较为明显，包括农作物种植景观、林业景观、畜牧业景观和渔业景观等。乡村地区的河流水系、果林、农田等都是生产性景观的重要组成部分，如：荷兰弗莱福兰省的郁金香花田（图1-6）、江西婺源的油菜花田（图1-7）。

（4）观赏蔬菜（ornamental vegetable）

观赏蔬菜是指具有良好观赏及食用价值的蔬菜。观赏蔬菜不仅应用于家庭的庭院和阳台绿化，还广泛地应用于观光农业，拥有比传统蔬

图1-6　郁金香花田

图1-7　油菜花田（见彩图）

图1-8　果蔬景观营造

菜更高的经济效益、生态效益及社会效益。例如，中国（寿光）国际蔬菜科技博览会上运用了多种具有观赏价值的蔬菜进行果蔬景观营造（图1-8）。

（5）共享农场（shared farm）

共享农场的概念最早起源于美国的艾米农场（Amy's farm）。它是一座只有60多亩❶的小型生态农场，农场主只有父女二人。以往大规模农场（养殖场）的单一种植（或养殖）策略会造成严重的病虫害和土壤退化问题，严重依赖化肥农药，产出的食材品质大打折扣，并且会大量消耗化石能源，既不生态也不可持续。与之截然不同，艾米农场（Amy's Farm）是一座小而美的生态农场（图1-9）。艾米农场没有大型机械，耕作种养全靠人力；采用滴灌系统，为的是节约水资源；不撒化肥农药，通过粪便堆肥和轮作套种来保持土壤肥力，抑制病虫害。

---

❶ 1亩≈666.67m^2。

图1-9　艾米农场

得益于"生态循环、多元种养、永续发展"的种养策略,这里的果蔬、肉、牛奶、鸡蛋等农产品新鲜有机,在当地小有名气。除了供应附近社区的农贸市场,这些优质农产品还在农场的自助商店展销。

共享农场是以充分涵盖农民利益的经济组织形式为主要载体,以各类资本组成的混合所有制企业为建设运营主体,以移动互联网、物联网等信息技术为支撑,以农场和民宿共享为主要特征,集循环农业、创意农业、农事体验、服务功能于一体,让农民充分参与和受益的乡村综合经营发展模式,可以分为产品共享、土地共享、资源共享、项目共享等方式。

（6）食物都市主义（food urbanism）

食物都市主义理念旨在将食物与城市建设相结合,在打造生态绿色城市景观的同时,又可以使城市中日益突出的食品问题得到缓解,是解决城市中食物供给及其安全问题的重要理念。食物都市主义理念分为两个研究范畴：食物生产和食物系统。美国教授瓦格纳与格里姆在2009年首次提出了食品都市主义理念，倡导通过在城市中引入可持续发展的食物系统来供养城市生活。都市的食物系统可以将食品生产、配送、销售、消费及废物管理等进行整合。2011年，在国际景观设计师联盟年度会议的研讨会议上，食物都市主义成为当时的研讨主题之一，旨在依靠风景园林和城市规划等途径带动城市可持续发展并缓解城市食品安全问题。

（7）社区支持农业（community support agriculture）

随着城镇化的发展，农村人口不断涌入城市，使得曾经的农产品加工者慢慢变为食品消费者。农业产业化的不断推进以及化学、石油技术在农业上的应用虽然在实现食品品种多样化和缓解世界饥饿等方面取得了巨大成就，但农业污染、食品质量下降、食品安全事件频发，生活环境不断恶化，小规模农业生产者逐渐被边缘化，以及一些农村社区文化趋于瓦解等问题引发了消费者对农业安全的担忧。

社区支持农业的概念在20世纪70年代起源于瑞士，并在日本得到最初的发展。社区支持农业是一种消费者向生产者提前订购食品份额并预付费用，生产者承诺采用有机或近似有机方法进行生产并定期向消费者供应新鲜食品的直销模式。它是一种强调生产者与消费者交流、互动、信任，社会及生态环境可持续的农业发展模式。其中的"社区"不是单纯地理意义上的居民社区，而是一种社会学概念上的社区。它既容纳了地缘相近的个体，也吸纳各式各样的组织和主体。社区支持农业一方面看重在保育生态及资源下共同承担、相互分享的社区关系，看重社区中情感及文化的传递；另一方面则往往会推行健康农作法、永续生活及包括身、心、灵在内的整合的健康观念。

（8）可持续设计（sustainable design）

可持续设计在欧美国家发展较为成熟。20世纪美国最早出现了"可持续设计"的概念，从而将可持续发展的理念转化成一种具体可操作的设计方法。在设计中充分考虑设计与其他环境资源之间的关系，在满足人类生存安全和精神安全需要的基础上，缓解人类的环境危机和发展危机，建立持久性生产系统，以保证未来子孙万代的生存需求，及环境、经济、社会的长期稳定发展。可持续设计是以实现可持续发展为目标的一种设计实践和设计管理。可持续设计具有如下关键因素：土地的使用和场地的生态、地区设计、社区设计、有关生物与气候的设计、阳光和空气、水循环、能源流和能源远景、建筑围护结构和施工、较长的寿命和居住舒适性。

1.1.3 可食景观相关理论

（1）田园城市理论

田园城市理论由19世纪英国的埃比尼泽·霍华德提出。该理论倡导的是一种社会改革思想：用城乡一体的新社会结构形态来取代城乡分离的旧社会结构形态。在《明日的田园城市》一书中霍华德提道："城市和乡村必须成婚，这种愉快的结合将迸发出新的希望、新的生活、新的文明。"

田园城市理论提出城市应分散规划，留出大量辐射型公共绿地和开放田园来种植果树，铺设宽阔的林荫大道，对土地实行空间分化利用（图1-10）。这种田园牧歌式的城市与脏乱拥挤的城市环境有着天壤之别。该理念中的城市面积为1000英亩（1英亩≈4047m²），大大小小的公园、果树林、小型乳牛场和其他各种生产性景观散布其中；城区四周环绕分布5000英亩农田，出产作物可供32000名市民生活。该提议曾作为商业模型以书面方式递交审议，虽然因其空想性而未获通过，但霍华德成功实现了田园城市的总体目标。

霍华德针对现代社会出现的城市问题，提出了具有先驱性的规划思想；对城市规模、布局结构、人口密度、绿带等城市规划问题提出一系列独创性的见解，是一个比较完整的城市规划思想体系。田园城市理论对现代城市规划思想起了重要的启蒙作用，后来出现的一些城市规划理论，如有机疏散理论、卫星城镇理论也都受到了田园城市理论的影响。

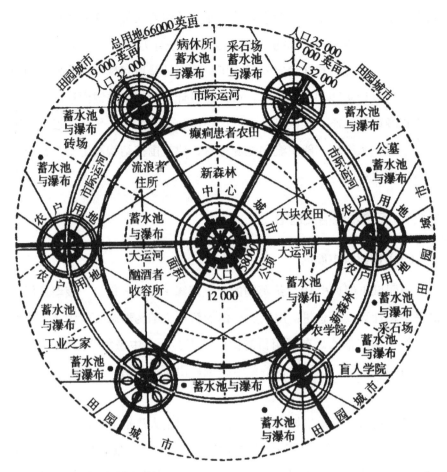

图1-10　霍华德田园城市图解

（2）明日之城理论

城市是人类的工具。但时至今日，这种工具已鲜能物尽其用。城市，已失去效率：它们耗蚀我们的躯体，它们阻碍我们的精神。城市里四起的紊乱令人深感冒犯：秩序的退化既伤害了我们的自尊，又粉碎了我们的体面。它们已不适宜于这个时代，它们已不适宜于我们。

这是20世纪最著名的建筑大师、城市规划家勒·柯布西耶在自己的著作《明日之城市》中的开篇语，阐明了该书主要进行城市规划设计

图1-11 勒·柯布西耶的光明城市

研究，向人们展示了明日城市的主要内容，即给予城市进行改造，改善城市现存的发展利用问题，使城市成为人类文明发展进步的摇篮和守卫者，提升城市的功能、效率、条例、秩序。书中主张关于城市改造的四个原则：提高市中心密度、减少市中心拥堵、增加交通运输方式、增加城市植被绿化。柯布西耶的城市规划构想为人们提出了一个很好的研究方向，并以巴黎为例，建设容纳300万人口的城市进行阐释（图1-11）。在市中心集中建造摩天大楼，而其他居住区域则使用多层建筑，建筑占比控制在5%左右；增加植被绿化，底层架空让步于绿化和交通，设置庭院小花园和屋顶花园，强调与环境的共生。

（3）朴门永续设计理论

朴门永续设计（Permaculture）是把原生态、园艺和农业及许多不同领域的知识相结合，通过结合各种元素设计而成的准自然系统。该理论起源于澳大利亚，是20世纪70年代由生态学家比尔·莫利森（Bill Mollison）和大卫·洪葛兰（David Holmgren）提出的构想。它是一个支持地球生态可持续发展的系统。朴门永续就是通过利用自然界物种的自我循环与人为种植的农作物合理搭配，使二者融合成为一个可持续发展的系统，既不破坏自然又能满足人类生存。其主要设计观点为：关爱地球，要保护和照顾地球以及地球上一切有生命与无生命的系统。虽然它的起源是一种农业生态设计理论，但如今通过互联网、出版物、生态社区、培训计划等，不断在原有的概念上扩大，并集结了多种文化思想。

1.2 可食景观的发展历史

1.2.1 西方可食景观的发展历史

最早的园林是原始的大自然，是未经人类干预的纯粹的自然环境，是人们对赖以生存的大自然的崇拜和再现。自公元前2600年的古埃及墓室铭文记载以来，西方园林已经有近5000年的历史。在遥远的古巴比伦和古埃及园林中都曾出现过可食景观的踪迹。

法国近代饮食史专家，弗洛朗·凯利耶教授在《菜园简史》中提到"围绕菜园进行种植、培育和消费的历史就是欧洲社会的演进史。"荷马史诗《奥赛德》中描写了两处园林景观："一处是水泽仙女卡吕普索的住地，一处是人间国王阿尔基努斯的果园。卡吕普索的住处在一个岛屿的洞穴里：洞穴的四周长着葱郁的树木，有生机勃勃的柏树，还有杨树……洞口爬满青绿的枝藤，垂挂着一串串甜美的葡萄……遍地长着欧芹和紫罗兰。"

具有食用性的景观也被广泛应用于修道院、私人庄园、宫廷庄园的营造，如卡斯特罗别墅园、卡雷吉奥庄园、玛达玛庄园等。其中最著名的是16世纪法国凡尔赛宫内建造的"皇家菜园"（图1-12、图1-13）。园丁使用不同的动物粪便作为肥料，使用玻璃罩形成温室，国王可以提前一个半月在3月底就吃到草莓。今天，这个占地9hm^2的"国王"菜园里种植了多达450种水果和400种蔬菜。从1991年开始，菜园开始对公众开放。

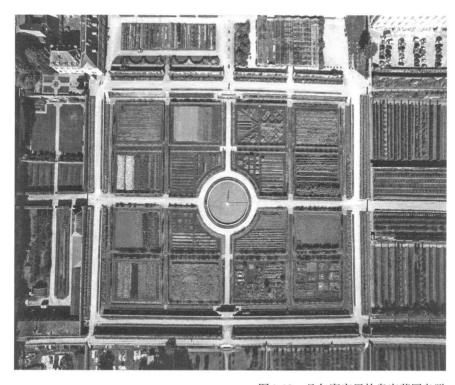

图1-12　凡尔赛宫里的皇家菜园鸟瞰

图1-13　凡尔赛宫里的皇家菜园

《采摘葡萄与苹果》是巴特莱米所著《事物特征之书》中的一幅彩色插画（图1-14）。画中描绘的菜园成为农民保障家庭食物供应的理想场所。

工业革命的到来，开创了以机器代替手工劳动的时代。为了应对随后出现的粮食短缺及生活贫困等问题，人们开始将具有生产功能的植物种植于花园之中。德国的市民农园、英国的份地花园及美国的社区花园都是在这个大背景下应运而生的。

图1-14　采摘葡萄与苹果

2009年3月，当时的美国第一夫人米歇尔带领小学生在白宫内开辟菜园，亲自投身到农业种植、收获的活动中，并倡议美国国民享用蔬菜、水果等健康饮食（图1-15）。该举动在全美掀起了一股"种菜热"，全国该年开辟菜园自种果蔬的家庭数量比上一年增加了19%。

图1-15　美国白宫菜园

新加坡、英国、日本等国家如今都将市民农园、社区农园等可食用景观的建设与开发放到了非常重要的地位。

1.2.2 中国可食景观的发展历史

采菊东篱下，悠然见南山。

山气日夕佳，飞鸟相与还。

——《饮酒》陶渊明

种豆南山下，草盛豆苗稀。

晨兴理荒秽，带月荷锄归。

——《归园田居》陶渊明

陶渊明笔下的农耕生活恬静而闲适，再现了当时人们生产劳动的情境。早在西周时期，人们就在囿和园圃里圈养动物和栽种植物，这也是中国园林的雏形。随着农业文明的不断进步与发展，为了满足统治阶级的需求，早期的中国园林一直保留着生产功能（图1-16）。在皇家园林中，除了培植观赏价值较强的植物外，还有一个重要的农业活动，那就是为皇室提供新鲜的粮食物资。

图1-16 中国古代城墙外围的农耕

"夜晚，所有的宫殿、楼宇、树林灯火通明……我在北京看到的远远超过了我在意大利和法国看到的一切。那里田野、草地、民房、茅屋、水牛、耕犁及其他农具，一切应有尽有。农夫们播种小麦、水稻。种植蔬菜和各种粮食，收割庄稼，采摘水果，总之尽可能模仿一切田间农活及简朴的乡野生活。"

——王致诚

在宫廷画师王致诚对于圆明园的描写中，不难发现可食用植物在皇家园林中的应用。圆明园内与田园风光及耕织文化相关的景区不下10处，如杏花春馆、澹泊宁静、映水兰香、水木明瑟、多稼如云、鱼跃鸢飞、北远山村，以及紫碧山房、武陵春色等。

宋代，皇帝为了表明勤俭爱民和对农事的重视，在皇宫中设观稼殿和亲蚕宫。在后苑的观稼殿，皇帝每年于殿前种稻，秋后收割。皇后每年春天在亲蚕宫举行亲蚕仪式，并完成整个养蚕过程。

中国早期的园林与蔬果园是分不开的。人们常在房屋周围或聚落附近栽种果树进行绿化装饰。

随着时间推移，这种房前屋后、村边、园圃绿地种植形式的观赏功能逐渐凸显，食物生产的功能随之退化。

可食景观与其说是一种新事物，不如说是传统农耕文化的复兴，是园林最初功能的再现。人们可以通过自己的辛勤耕耘，参与到可食景观的创作中来，收获自己劳作带来的健康有机食品，体验农耕活动的快乐，有利于传统农耕文化的发展。"美丽中国""生态园林城市""健康中国""健康社区"等国家政策的提出，彰显了人们对绿色健康生活方式和田园式生活的渴望。

1.3 可食景观的功能

1.3.1 经济发展角度

可食景观与传统景观营造不同的是，在植物材料的应用上以可食用的、具有产出性的农作物为主，在营造具有观赏性景观环境的同时，具有明显的经济效益。可食景观产出粮食、蔬菜、水果等的过程赋予传统农业新的形式，让人们以新的农业方式自给自足，促进农产品与城市、乡村景观环境的融合与更新，优化提升现代农业发展能力。

粮食短缺已经成为当今人类面临的重要问题。随着人口城镇化的不断加速，传统农业生产与城市渐行渐远，长途运输成本、保鲜及仓储成本等都使城市食物价格增长。发动城市居民参与到可食景观营造中，通过种植蔬果、粮食等方式，即熟即采摘，满足食品供应及安全的同时，还可以降低食物运输、储藏等成本，节约日常开支。发动居民参与相关建造及后期维护工作可以大大降低景观建设和运维成本，给人们提供城市中的田园农耕体验机会，同时也可以为城市居民提供一定量的就业岗位。

随着城市建设的不断推进，城市用地愈发紧张，可食景观可以在充分利用零散土地进行景观营造的同时满足市民对于部分食物的需求，提高土地利用价值。对城市零散地块、废弃地进行利用可以增加有效绿化面积，助力实现"碳达峰、碳中和"。

1.3.2 社会发展及公众角度

可食用景观的推广应用被公认具有社会价值。其不仅可以提供新鲜食物、节省生活成本，还在社区公共健康、教育、跨文化交流、公众参与和民主实践，以及在地经济发展等方面发挥着积极作用。可以说，可食景观是环境发挥社会服务效用的重要景观类型。

农业与每个人的饮食息息相关，不仅仅能够产出农产品，也是饮食文化教育的重要组成部分，更是一种与自然相处的智慧。"吃在当季、吃在当地"作为一种饮食理念需要在地化的行动。可食景观通过在地化的设计营造与种植劳作，让人们与农耕文化重新建立起联系。无论作为游客游走其中，还是作为劳作者亲耕其间，都能够得到美的享受及身心的高度放松。人们在与可食景观互动的过程中感受食物从发芽到开花到结果的变化，通过相关自然活动的参与能达到愉悦身心和锻炼身体的目的。人在参与的同时也成为景观的一部分，由被动参观变为主动融入，可食景观不再是"花瓶"式的景观，而是人与环境、人与自然交流的空间。

通过采用科学、生态的种植方式营造可食景观，不但保护了土壤及食品安全，同时能给人们传递健康的生活理念及方式方法。不同年龄段的人群在可食景观中都可以找寻到自己的价值。当今人口老龄化已成为全球面临的社会问题，独居老人数量逐年递增。可食景观可以灵活地应用于社区、养老院、老年活动中心及医疗机构等多元化养老空间中，使老年人通过景观的设计、营造及维护等工作增加其社群活动，消除孤独感，增加户外活动时间，同时保证一定量绿色食物的自给自足。

对于远离自然田园的孩子们，开阔、新奇的城市可食景观环境是天然的乐园和最好的"老师"。在这里他们可以释放天性，减少电子产品使用频率，感受自然的万千变换，体会农耕文化的魅力，提升其对劳动教育的感知力，培养吃苦耐劳、尊重自然的良好道德品格。对于上班族来说，与自然亲近是缓解疲劳、减轻工作压力的不二之选。

俗话说"远亲不如近邻"，但是在现如今的"混凝土森林"城市中，人与人之间的关系越来越疏远，相比于乡村生活空间，城市中人际关系冷漠，互助意识淡薄。可食景观的营造可以充分调动居民的参与性，在"菜园""花园"的建设过程中增进彼此了解，以景观为媒介构建心与心的交流。

1.3.3　生态环境角度

可食景观在保留传统园林景观应用的生态价值基础上，在营造城市宜居环境、改善城市小气候、提高绿化率、缓解城市热岛效应等方面具有积极作用。可食景观在设计、建造及维护的过程中注重无污染、无公害、无浪费的原则，尽可能减少对环境的不良影响，保证食品安全。鼓励开展有机堆肥方式代替化肥的使用，采用更加环境友好的耕种方式，为植物提供更好的立地条件。可食景观可以在现有的景观绿化材料使用基础上，丰富种植品类，同时随着植物开花、结果等自然生长过程会招引来不同的昆虫与动物，丰富景观中的食物链品类，促进完整的可循环、稳定、健康生态系统的构建。例如：家庭菜园和社区花园都可作为生物多样性的储存库，以保护在地传统作物的遗传资源。

1.3.4　文化发展角度

农耕文明使人类从食物的采集者变为食物的生产者，是第一次生产力的飞跃。农耕文化的发展理念以渔樵耕读为代表，是千百年来汉民族生产生活的实践总结，是华夏儿女以不同形式延续下来的精华浓缩并传承至今的一种文化形态。应时、取宜、守则、和谐的理念已深入人心，所体现的哲学精髓正是传统文化核心价值观的重要精神资源。可食景观是对几千年传统农耕文化的继承和创新，通过食物的种植重续人与土地的联系，可以让农耕文化得以保护和传承，使农耕文化绽放新的活力。

可食景观的农耕文化教育功能，可以让参与者增长农业知识，培养一份爱农情怀，从而激发对生活的热爱。与其他教育形式不同的是，可

图1-17 菜园中的自然教育

食景观中的农耕体验式教育具有"温情"的天然属性，在家庭文化构建及亲子教育方面具有天然优势。孩子们带着好奇靠近，父母们带着怀旧重温。这时，教育不再是强硬的"灌输式"，而是娓娓道来的"感染式"（图1-17）。在这样的感染下，孩子们更能感受播种的希望，体会施肥的艰辛，看见嫩芽破土时的坚韧，尝到秋季收获时的不易，在自然中体会家庭饮食文化、劳动文化等。

1.4 可食景观的类型与特点

1.4.1 可食景观的类型

1.4.1.1 按种植地点分类

（1）阳台及屋顶可食景观

阳台与屋顶是城市居民居住环境中最小的一类可自由支配的场地。对其进行设计时，一般倾向于在进行绿化覆盖的同时，也修建简单的园林小品等基本设施，来营造出适合人们休息和娱乐的空间。其中，屋顶花园就是一种具有良好生态价值和经济价值的绿化形式（图1-18、图1-19）。人们精心设计并种植养护的绿色屋面创造了赏心悦目的植物景观，又使人们能随时便利采摘和食用自己亲手种植的无污染、无公

图1-18 阳台可食景观（见彩图）

图1-19 屋顶可食景观（见彩图）

害绿色果蔬，吃得舒心又安全。

对于城市大环境而言，阳台和屋顶的可食景观在缓解城市热岛效应、增加城市氧气含量、减少建筑物屋顶辐射以及为建筑物内部降温等方面具有一定效果。植物搭配方面，小乔木、灌木和低矮小灌木都是可选择的植物种类。姿态优美、矮小、浅根、抗风力强的花灌木、球根花卉和多年生花卉是最佳选择，如小石榴树等小乔木、蔷薇科花卉、金银藤等藤蔓植物、可食草花、药材和各类果蔬。

（2）庭院可食景观

现代社会飞速发展，经济水平不断提高，人们对高品位生活的追求日益增强，对居住环境的要求也越来越高。私家庭院景观，作为目前发展较快的一个景观单元，它将大的景观要素浓缩于一体，形成一个细致、小巧的景观集合，能够为城市中生活的人们提供家门口亲近自然的机会。这种庭院景观具有一定私密性，空间较小。

仅具有观赏功能的庭院植物造景已无法满足大众节省经费来美化环境，以最少投入获取最佳效果的普遍要求。选用多种可食用植物，充分考虑植物季相更替变化和色彩搭配等设计手法的运用所创造出的可食景观，与只有纯观赏性，又耗费人力物力的花卉、草坪相比，其优势便充分体现了出来。人们可充分利用多种可食用植物来装饰自己家中的小庭院，突出自己院落的景观风格，并完成在家门口亲近自然的愿望，达到自给自足的状态，为家人提供符合口味的绿色食材。长此以往，也能形成一个良性循环的小型生态系统。

（3）社区花园可食景观

随着城市化进程的不断加快和城市建设的高速发展，优化存量绿地空间、提升城市绿化品质，更需要重视小微空间的营造。社区花园由于其便民性、实用性已然成为了前沿阵地。"社区"作为城市最基本的细胞已经融入人们的生活，社区治理也成为国家加强基层社会管理的重要方式。社区治理过程中很重要的一项就是社区环境的营造。社区花园作为一种绿地的组织形式起源于欧美，当地居民认领社区附近的土地，种植自己喜爱的植物。社区花园的建设不仅可以在栽种过程中增进邻里交流，还可以由此延伸出各项活动（如插花、收割节、社区菜市等）让社区更加生机勃勃。社区花园不限于用地性质，可以充分利用废弃地，着重于借助园艺作为催化剂，以花园为空间载体，培育社区，追求更广泛的社会效益。此类社区花园可食景观是民众获取食物的来源之一，也是民众参与城市绿地管理的途径之一。

（4）公园可食景观

如今人们都担心食品价格、安全、生长环境和社会影响等问题，一种更健康的植物种植方式和更多功能的景观塑造形式显得尤为重要。种有郁郁葱葱的绿叶蔬菜、豆类等粮食作物以及可食果木和花卉的可食景观即是一种值得人们去尝试的，可观又可尝的全新景观模式。

当人们走进公园，看到新鲜可人的可食景观时，便会感受到完全不同于普通观赏植物景观的特殊美感。各种具有高观赏价值的可食植被按照一定的搭配原则和方法进行组合，取得的景观效果毫不逊色于一般的纯观赏性公园，体现出可食用植物的有趣特色，为身处其中的人们带来嗅觉和味觉等丰富的感官体验。如园中种植柿子、石榴、苹果、金橘和蜜桃等多种植物会散发芬芳香气，吸引大量昆虫动物，增加生物多样性的同时，还可供人们品尝其中的甜美滋味，这就增加了人们参与并融入公园景观的机会。其实，人们经常意识不到，即使是较小的种植空间，也能产出不少数量的食物，除可完全满足一个城市普通家庭对蔬果的基本需求以外，更可储存剩余的食物以备不时之需，在一定程度上减轻城市农业生产的压力，也促进农业经济发展。风格迥异的公园可食景观只是可食景观众多典型范例中的一个代表，经过人们不断地推广，越来越多的公园可食景观正出现在现代城市居民的视野中。此类可食景观可以应用于校园、商业及办公建筑、医疗空间等场所。

（5）乡村可食景观

可食景观起源于广袤的乡村大地上，江西婺源的油菜花、内蒙古河套平原的风吹麦浪、辽宁盘锦的稻米飘香等都是具有代表性的乡村可食景观。随着乡村振兴战略的提出和美丽乡村建设的逐步推进，乡村中可食景观的价值被不断挖掘，同时推动了旅游型乡村的发展与建设。农业的意义也不仅仅是农产品生产与加工，还催生了农业观光、果蔬采摘、农事体验等产业形势，这些逐渐成为乡村旅游的主要吸引点之一。在乡村，可食景观可以使农业景观集生态性、观赏性、生产性于一体，其在乡村中的价值与作用也亟待开发与利用。

1.4.1.2 按植物类型分类

（1）粮食作物类可食景观

粮食作物是对谷类作物、薯类作物及豆类作物的总称，主要包括小麦、水稻、玉米、燕麦、大麦、高粱和青稞等。"民以食为天"，粮食在整个国民经济中具有不可替代的基础地位。

一些具有良好观赏价值的粮食作物逐渐成为一种新的景观审美对象。稻田画又称稻田彩绘，日渐受到人们的青睐。农民通过在稻田中种植各种不同品种的水稻来作画，随着水稻的生长，呈现出预先规划的图案或文字（图1-20）。

（2）果树及花卉类可食景观

植物是园林景观设计不可或缺的重要元素，可食用的景观植物自古以来备受造园者的喜爱，在《齐民要术》中曾记载利用枣树搭建园篱。以椰子树作为行道树，已成为海南省的标志性景观（图1-21）；大连的柿子树、枣树是居住区景观中常见的果树品种；在广东的茂名市，城市道路绿化中使用木菠萝树、芒果树等果树（图1-22）。目前，可食用的瓜果类及花卉类植物在城市景观营造中的应用日益广泛，茉莉、桂花、

图1-20　稻田画

图1-21　海南的椰子行道树

图1-22　广东的芒果行道树

玫瑰、菊花等观赏性极佳的花卉，可以与传统制茶及各类美食相结合，形成具有地域特色的可食景观。

（3）蔬菜类可食景观

蔬菜是人们日常饮食中不可缺少的一部分，可以提供人体所必需的多种维生素和矿物质等营养。观赏蔬菜是具有食用及观赏功能的新型多功能蔬菜的总称，它集食用、观赏、美化及经济价值于一体。根据不同栽培环境可分为阳台蔬菜、盆景蔬菜、庭院蔬菜等；根据不同食用部位及观赏功能可分为叶菜类、果菜类、芳香蔬菜类。观赏蔬菜可做蔬菜花坛、花境、专类园以及垂直绿化等。其植株多较为矮小，适合用容器栽培，应用不受场地大小限制，室内外皆可布置。

（4）药草类可食景观

药用植物是指用于防病、治病的植物，其植株的全部或一部分可供药用或作为制药工业原料。中国是药用植物资源丰富的国家之一，对药用植物的使用和栽培有着悠久的历史。近年来，各类药草园、芳香植物园越来越受到青睐。将具有药用价值的植物应用于景观设计中，不仅能丰富景观内容，同时还可以发挥其自身综合价值，对药用植物自身也是一个极好的科普教育宣传机会，如广西药用植物园（图1-23）、兴隆热带药用植物园（图1-24）等。一些药用植物具有观赏价值较高的花、

图1-23　广西药用植物园

图1-24 兴隆热带药用植物园

果，如桔梗、金银花、连翘等。药用植物可以在生长过程中释放各类有益健康的化学物质，起到保健作用，可作为自然疗法进行推广。

（5）食用菌类可食景观

食用菌是指子实体硕大，可供食用的大型真菌，如香菇、木耳、灵芝等。食用菌景观打破了传统农业生产过程带来的经济效益模式。目前国内比较流行的草莓、樱桃、桃子等采摘吸引了一大批游客，增加了种植业经济效益，但是因植物特性问题，每年只有一到两季采摘时段，产品相对单一。而食用菌品类众多，设施化及半野生栽培技术日趋成熟，

图1-25　上海上庄蘑菇园

加之食用菌种群庞大，外形各具特色，具有良好的观赏价值，集识蘑菇、种蘑菇、采蘑菇、吃蘑菇、赏蘑菇于一体的食用菌采摘园应运而生（图1-25）。

1.4.1.3　按在城市绿地规划中的层次分类

（1）区域层面中的可食景观（宏观）

在城市绿地系统中，区域层面规划涵盖生态农业、特色林果等可食景观。注重特色农林业展示，区域可食景观规划应着重强化本地区中具有鲜明特色的景观、特殊价值的农林作物，对乡土生态环境进行有效修复。近郊应重视多样参与性，发展各类可食景观观光园，发展各类体验项目，增强农耕经验学习。妥善布局可食景观与区域各级公路的观赏关系，沿公路形成阶梯形视线观赏面，打造临路村庄的视觉通廊。

（2）综合公园及专类绿地中的可食景观（中观）

在城市绿地分类中，综合公园及专类绿地一般体量较大，可食景观可成为增强这类绿地景观多样性、物种多样性、游憩多样性等方面的重要支撑，因此可以建设可食景观专类园、专类分区。城市滨水、临路带状公园可建设具有综合功能的生态复合林和特色果木林，并整体纳入城市园林绿化管理。城市综合公园中可考虑布置可食景观专类园、专类观赏区，缓解常规园林带来的审美疲劳感。城市植物园可收集和应用适宜本地生长的各类作物、林果品种，作为乡土植物品种资源库，进行充分保护和延续。设计中应丰富可食景观的种植类型，鼓励部分综合公园及专类绿地建立高技术含量的温室大棚、垂直菜园等设施，充分展示可食景观多样化的特色，并成为科普教育的重要载体。

（3）社区公园及附属绿地中的可食景观（微观）

社区公园及附属绿地与城市居民联系紧密，可结合工作生活形成可食花园、菜园景观。由于这类绿地规模较小，因此不宜设置过多类型的设施，应注重参与性和体验感受，强调科普教育和回归田园的精神满足。社区公园级别的可食景观可整体打造，不同食用类型的植物交叉搭配，强调参与体验功能。选用利于使用者亲身参与的管理模式尤为重要，认领模式与志愿者模式目前受到使用者的青睐。社区公园作为最易被居民日常熟知和感受的公园类型，应重点做好植物科普。附属绿地中的可食景观应结合自身特点，利用屋顶、林下、田中等空间塑造多功能的公共空间。

1.4.1.4　按运营及管理主体分类

在可食景观的营造过程中按照经营及管理主体的不同，可分为私人所有及公共所有两类。私人所有的可食景观多数以营利为目的，以可食景观为设计及建造主题，通过可食景观向公众提供相关的农事体验、食物品鉴、参观游赏等各类主题活动，引导人们关注农业、关注健康，如城市农场、采摘园等。公共类可食景观多以政府或志愿团队等为主导，利用公共区域空间进行可食景观营造，达到城乡美化的同时，丰富景观类型，促进人与人之间的交流互动，打造和谐社会风气。

1.4.2 可食景观的特点

（1）观赏性

可食景观以其不同于传统城市景观所带来的田园风光、农耕文化的特色景观形式，为城市居民带来一种全新的感官享受与体验。这种景观形式不一定需要很大的设计场地，可以从城市居民身边的小场地入手，逐渐扩散到整个城市景观环境中，丰富城市园林景观的形式，给城市居民带来更为多样化的景观体验。

（2）食用性

"食用性"是可食景观区别于其他园林景观的重要特点之一。在利用可食用植物的观赏价值营造景观环境的同时，食用性增添了景观的趣味性。人们在欣赏的同时可以真实地采摘及品尝，为景观注入更多的互动性，视觉、嗅觉、味觉都能得到不同的享受。

（3）经济性

可食景观的植物设计素材主要以一些可食用的具有产出性的农业作物为主，在作为一种景观形式的同时也可以带来作物的产出，具有明显的经济性。应用于学校、办公场所等地的可食景观甚至可以自给自足为学生或员工提供新鲜绿色的食材。可食景观还可以创造就业机会、降低食物里程，增加水、肥、垃圾等的利用效率。

（4）生态性

可食景观的作物产出涉及食品安全问题。这要求种植及养护过程中做到无污染、无公害，促使种植场地成为一个绿色健康的生态系统，改善小区域内的生态环境。更重要的是，可食景观可以丰富城市的生物多样性。可食用的作物处于生态食物链中，伴随着可食用作物的成熟，会招来昆虫、鸟类及其他生物，使城市景观向着自然化的生态环境发展。

（5）参与性

参与性是可食景观有别于其他城市园林景观的又一大特征。可食景观可为城市居民提供一个在现代化城市中参与农耕劳动的机会，可以缓解城市居民在工作与生活中的压力，回归田园般的生活，舒缓身心，充实美化生活，还可以使人们在劳作中互助和讨论，增进人与人之间的互动与交流。

公众参与是在一定的社会环境下，民众、相关利益方等通过各种形式参与到有关决策过程中，对决策施加影响。现代城市景观设计注重空间设计和物质层面等技术要求，较少关注使用者实际需求，如出行、交往及心理健康等。可食景观在设计过程中具有包容性、民主性及参与性等特点，需要多元化的合作伙伴。所有参与者都有提出他们要求和愿望的权利。

（6）教育性

可食景观常常也具有一定的科普教育性，如应用于校园等环境时，可以为在城市长大的青少年儿童提供一个可以近距离接触、体验平时难以接触到的农作物的机会，丰富其自然、农业、生态知识，具有良好的教育意义。

1.5　可食景观需要解决的问题

1.5.1　公众对于可食景观认识问题

长期以来，在大众传统的观念中，供人食用的农作物与城市园林景观植物属于两个不同的概念。农作物一直被认为是种植在农村或郊区，最主要的作用便是提供粮食产出，相对于城市来说属于偏远地区。从目前国内外的实际情况来看，可食景观已经慢慢在城市环境中推行，近年来城市中的农业主题活动（例如城市居民在自家阳台使用花盆种植可食用植物、屋顶花园与垂直农场的出现、社区菜园的复苏等）都说明了城市居民对于可食景观的认可度越来越高。但尽管如此，目前仍然尚无把可食景观应用于现代城市景观核心规划中的一致认可，可食景观始终是在一些被动、狭小的空间中进行发展。它何时能成为城市园林景观绿化中一个重要的角色，还需要政府、城市规划者、建筑设计师、景观设计师以及城市公众的一致努力。

1.5.2 景观功能与生产功能结合问题

通常来说，可食用作物具有明显的人类活动痕迹，是人类对自然的利用，也是人类对自然的美化。可食景观怎样做到满足城市居民对现代都市的景观审美愿望，同时也能得到一定的经济效益与社会价值，即如何使可持续具有物质产出的可食景观符合大众审美，是将可食景观应用于城市公共绿地中的重要现实问题。

1.5.3 后期管理及养护问题

由于可食景观不同于传统的纯观赏性园林景观，是采用具有生产性的作物作为景观要素，所以在养护的过程中要针对可食用作物不同的生长特征及地域特征加以管理。养护是一个系统的过程，包括在作物整个生长期间对环境温度、湿度、土壤质量、病虫害防治、采摘周期等各方面的把握，这也直接决定着食物的安全和营养质量问题。

1.5.4 物质产出分配问题

对于公共性的可食景观，在其调研、设计、施工、养护、采收等环节都需要有不同的人员参与其中。在收获其作物时，如何将产出的食物等进行合理、公平、有序的分配，需要制定相关的管理制度以保障分配的有效性。对于私人经营的可食景观也需要对参与的消费者等进行有关的产出分配，需要在考虑经济效益的同时合理规划分配制度。

第2章 可食景观的设计原则、构成要素与布局

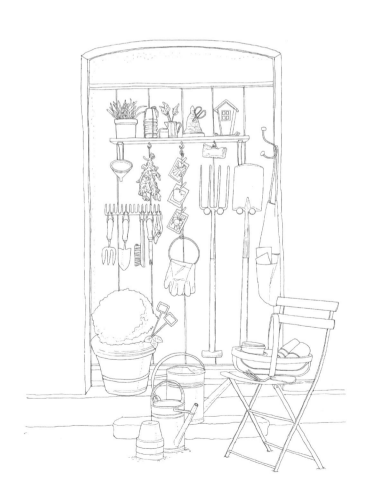

可食景观设计的主要内容是通过将各种可食用植物与地形、建筑、水系、道路等元素相互搭配，营造出集美观美化、种植休闲、科普教育、居住观赏于一体，真正满足人们审美情趣和食用需求的景观环境。其主要目标是运用艺术化的手法将农作物融入乡村空间、城市绿地、居住环境、校园环境、私家庭院等景观的规划设计中。可依据周边环境和文化特点体现出地域特色，突显出农作物的阶段生长特征，又能有机融合成一个景观序列，既能体现景观效果，又能体现田园农耕特色，营造出优质的生活、工作及学习环境。

2.1　可食景观设计原则

2.1.1　生态优先、可持续发展原则

利用观赏性和食用性兼具的植物种类，科学合理进行配置，综合考量场地条件，植物的特性、季相变化等因素，将生长及观赏周期不同的植物搭配混合，延长观赏期。设计中注重植物生长及景观效果的可持续性，避免可食用植物直接的种间竞争，保持其协调共生的稳定关系。在设计操作时，还应关注果实收获后的荒地问题，做好轮作播种处理，搭配园林绿植与花卉，以免对植物生长和景观效果造成影响。巧妙运用植物之间的相互联系，可使其相互促进生长，使不同生态特性的植物能各

得其所，形成稳定的植物群落，既有利于植物的生长，又可防治病虫害。如薄荷和月季能够分泌芳香物质，对邻近植物的生长有一定的抑制作用。减少或不使用化肥及农药，保证土壤的健康及所产食物的绿色天然。

2.1.2 保证生产、便于参与原则

可食景观与其他景观设计类型的不同点之一就在于其生产功能。在可食用植物生长的季节，如季节性的水果和蔬菜等，若将其与多种观赏植物相结合，既能保证景观效果，又能提高可食用植物的品质。将可食景观引入乡村景观的设计中，并非要抛弃或者削弱其观赏价值，而是要在原有的景观设计方法基础上略作调整，使可食用植物种植重返人们的生活中，重新连接起人与土地及自然的关系。

可食景观在营造过程中不但需要设计及管理人员的参与，社会公众的参与更是必不可少的。在设计中要充分考虑公众的参与价值，如空间尺度的把控、植物品类的选择、操作流程的优化、相关活动的安排等，都要有计划地纳入设计之中。

2.1.3 因地制宜、地域特色原则

我国幅员辽阔，自然条件和地域文化多样。进行可食景观设计时，要把握这些特点，营造出富有地方特色的景观环境，充分结合地貌、植被、水体等自然条件，同时，考虑地方饮食文化和生活习惯。对于小型可食景观项目，如屋顶花园、阳台菜园、社区花园等，可以通过景观小品、建筑材料、植物材料等方面进行地方特色景观的营造。当设计场地涉及宅前屋后的空间范围时，植物设计应提供多种选择以匹配使用者的个人喜好。

对于较大面积的可食景观，可优先选择乡土植物，因其具有更好的适应能力，成活率高，对灌溉和养护的要求也相对较低，且能够呈现赏心悦目、生机勃勃的景象，产出更优良和美味的果实，如野菜类和药草

类植物。在此基础上，将其与村庄特有的自然资源、历史文化与特征等进行融合，从而形成属于该地的独特景观。

2.1.4　统筹安排、合理布局原则

可食景观设计不仅仅表达植物特征及食用价值，而且是对设计目标和审美价值的融合。需要对设计场地及周边的自然环境因素、文化因素、交通因素、景观资源价值、经济价值等进行统筹考虑及安排。同时，根据不同功能及服务人群需求考虑场地布局，做到布局合理、明确，能够彼此有效衔接。

2.2　可食景观的构成要素

场地内不同的资源情况会直接影响可食景观的观赏效果及后期养护与管理工作，在开展相关项目前应对环境要素进行深入的调研与分析。选址后也应对景观要素进行科学合理的规划与设计，同时考虑后期的维护与管理成本。

2.2.1　环境要素

（1）光照条件

光照对植物的生长极其重要，它是植物光合作用的能量来源。光照的时常和强度对植物的生长和开花起着至关重要的作用。可食用植物在不同的生长时期对光照的需求不同，在种植过程中，必须要给予其适宜的光照，这样才能保证植株的正常生长。不同植物对光照的需求也不相同，有的植物对光照的需求较高，需要给予其全日照养护；有的植物对光照的需求较低，处于半阴的环境中养护即可。要根据场地实际情况，有针对

性地为不同植物提供适宜的光照条件。

自然的光线无处不在，光照直接影响着人的视觉感知，间接影响人们观赏景物的感受。利用光线的自然变化灵活进行可食景观设计，不但能够满足植物的健康生长，而且可以营造景观效果，给人带来温暖、自然、健康的景观享受。

（2）水资源

随着人口的增长和工农业生产的不断发展，水资源供需矛盾日益加剧。从20世纪初以来到70年代中期，全世界农业用水量增长了7倍。我国的水资源短缺现象严重很大一部分原因，是在使用的过程中利用率低，且浪费现象严重。浇灌农田时经常会出现大水漫田的状况，造成了水资源的大量浪费，还破坏了庄稼的自然生长规律。在可食景观规划建设之初，需要对未来各类植物及设施、人畜等用水来源进行合理化安排，制定切实可行的水资源管理方法，可考虑雨水收集、雨水花园、农业滴灌技术等方式。

（3）健康的土壤

健康的土壤是一个鲜活的生态系统，能够不断运转，维持动植物的生长。这一系统能否平衡与人类的耕作模式息息相关。土壤健康程度可以从以下几个方面判定：稳定的pH、良好的土壤结构、储存并释放养分给植物的能力、有机质的含量、土壤生物的多样性。健康的土壤有利于可食景观的可持续发展。在可食景观种植中使用化学药剂会严重影响土壤健康情况和微生物的生活。因此鼓励使用有机肥，促使土壤变得更健康，植物变得更强壮。

（4）健康的肥料

肥料是提供一种或几种植物必需的营养元素，改善土壤性质、提高土壤肥力水平的一类物质，是农业生产的物质基础之一，一般分为有机肥料、无机肥料、生物性肥料。早在西周时期人们就已知道田间杂草在腐烂以后，有促进黍稷生长的作用。《齐民要术》中详细介绍了种植绿肥的方法以及豆科作物同禾本科作物轮作的方法等；还提到了用作物茎秆与牛粪尿混合，经过堆制而成肥料的方法。随着近代化学工业的兴起和发展，各种化学肥料相继问世，但是，长期大量地施用化学肥料会导致严重的环境和食品安全问题。

堆肥是一门既传统又现代的学科，是通过一系列科学技术步骤，将各种有机废弃物分解转化为稳定无害、适合土壤肥力的有机肥料产品。现代堆肥技术始于20世纪20～30年代的欧洲，以机械化堆肥为特征，目前已有数百种技术。堆肥可以将腐烂的垃圾变成一种宝贵的土壤改良剂，农民称之为"黑金"。它可以消耗可食景观在生产及建设过程中产生的有机固体废物，还可以帮助植物茁壮成长。同时，可以减少可食景观运营中的肥料开支。堆肥也是一门很好的自然教育课程，便于人们参与其中。

（5）小气候环境

小气候是相对于自然环境的微观概念，一般指近地面几米的土壤表层和植被层内的气候。泛指由于下垫面性质以及人类和生物活动而形成的较小范围内的特殊气候。这一概念由来已久，中国古代常说的"背山面水""坐北朝南"实际上就是设计师们根据北半球气候特点进行的小气候营造。因为人类绝大多数活动都在近地面层内进行，与人类生活有密切关系的动物和植物也生长在这一层，而这里的气候又最容易按照人类需要的方向改变。例如，绿化、灌溉、改变土壤性状、改造小地形、营造防护林和设置风障等都可以改变地表附近的水热状况，从而改变当地的小气候，使其符合人类的需要。在可食景观的营造过程中也需要考虑小气候的现实价值和影响，在一定尺度空间内为植物及人们带来舒适之感。

2.2.2　景观要素

（1）植物

植物是景观设计中有生命的要素，包括乔木、灌木、攀缘植物、花卉、地被植物、水生植物等。植物的四季变换、色彩、形态、质地、寓意等都是景观营造的题材。可食景观中更注重植物可食用价值的体现，在进行造景时也可以搭配具有观赏价值的景观植物。

（2）道路

道路与建筑、驻足空间的有机组合，对于景观形式的形成起着至关重要的作用。道路系统构成可食景观的脉络，并起到组织交通及联系各个区域的作用。可食景观中的道路设计要注重生态性及可达性，通过不同道路形式及宽度的划分串联起各个功能空间，在道路铺装材料的选择上应着重考虑当地可以应用的生态材料。

（3）建筑

根据景观设计的立意、功能要求、耕种要求，以及造景、活动等需求，需要对可食景观区域内的建筑进行统筹考虑，如温室大棚、工具储藏间、游客服务中心、卫生间、休息亭等，并要精心构思、合理布局，使建筑起到画龙点睛的作用，在提供相应功能服务的同时，也成为标志性景观场所。

（4）景观小品

景观小品是构成可食景观不可或缺的一部分，它使得景观更富于表现力和感召力，对空间起点缀作用。常见的景观小品可分为两类，一类是以实用性功能为主，在满足基本功能的同时通过艺术加工成为场地的文化载体，体现地域文化及特色需求，如座椅、灯具、指示牌、垃圾箱、健身及游戏设施等；另一类是以装饰性为主，包括能够美化环境、装点生活、增添情趣的装饰性景观小品，如水景、花钵、雕塑等。景观小品可以很好地体现可食景观中的文化内涵和审美情趣。

2.3 可食景观的布局

2.3.1 构图

可食景观作为景观设计的一种形式，所涉猎的范围有尺度广大的农业种植类可食景观，也有小尺度的社区可食景观乃至室内的阳台可食景观，内容丰富，应用广泛。这就要求设计者根据具体的设计内容与景观功能，采用一定的表现形式。内容、形式与功能确定后，还需要根据实际情况通过多样化的设计手段，创造出特色鲜明的可食景观作品。

2.3.1.1 主景与配景

自然界中高大的乔木都具有明显的主干和枝条，叶子可以看到明显的主叶脉和侧叶脉，这些都呈现出明显的主次结构。自然界正是通过这样的差异化形成协调与统一的有机组合体。如同各类影视作品中主角和配角的合作演绎，可食景观布局也需要在满足主题的前提下，考虑主景与配景的关系。

主景是全园的重点和核心，它是景观空间构图的中心，是主题或主体所在，是全园视线的控制焦点，也是精华所在，具有强烈的艺术感染力；配景起衬托主题的作用，使主景突出，主景与配景相得益彰。在可食景观设计中，要根据尺度、功能、食物种类等的不同处理好主配景关系，使主景取得提纲挈领的效果。突出主景的方法如下。

（1）主景升高

为了使景观主题更加鲜明，常把主景在高程上加以突出。如北京北海公园的白塔（图2-1）。升高的主景可以以远山及蓝天为背景，使主题造型及轮廓鲜明突出。

图2-1　北海公园白塔

（2）中轴对称

一般在规则式景观构图中确定某一方向的轴线，在轴线端点或重要节点处安排主要景物，在主景前方及两侧常常配置次要景物。这种手法在纪念性景观中比较常见，如罗斯福自由公园、中山陵等。可食景观设计中可以考虑利用主要道路作为中轴线，在道路端点或者重要节点处布置主景（图2-2）。

图2-2　主景布置与道路尽头

图 2-3　清 - 孙温《红楼梦》绘本节选

（3）抑景

中国古典园林造景追求"山重水复疑无路，柳暗花明又一村"的先藏后露的造景手法。这种方法与西方园林"一览无余"的形式形成鲜明对比。《红楼梦》中的大观园就是典型的例子，南门内的石山，称为"翠嶂"，长二十多米，高数米，均以太湖石堆砌而成。上面种有大树和藤蔓，郁郁葱葱。首先以一屏石山压抑观景的念想，但又不是一堵墙，不会使人寂寞，可以观赏奇石异草的形态。慢慢步入其中之后，就会发现别有洞天。通过这种欲扬先抑的手法将主景进行突出，大大提高了景观的感染力（图 2-3）。

2.3.1.2　节奏与韵律

节奏原是指音乐中节拍的长短，这里指在景观设计中各元素（如点、线、面、形、体、色）给观者在视觉和心理造成的一种有规律的秩序感、运动感。它们可以是大小、轻重、虚实、快慢、曲直变化所带来的秩序感。韵律原是指诗歌中抑扬顿挫产生的感觉，这里指在景观设计中要求各元素之间风格、样式在统一的前提下存在一定的变化，在某种程度上有一定的反复存在。节奏与韵律往往互相依存，互为因果，韵律是在节奏基础上的丰富，节奏是在韵律基础上的发展。丹麦哥本哈根的圆形花园，通过一个个椭圆形互相围绕，形成40个不同的小花园，风格各异又统一有序，具有良好的节奏和韵律感。一年四季无论是作为地面景观还是从高处俯瞰，都有不一样的独特风景（图2-4、图2-5）。

图2-4　丹麦圆形花园夏景（见彩图）

图2-5 丹麦圆形花园冬景（见彩图）

图2-6　可食景观中的节奏与韵律

农耕文化中蕴含着天然的节奏与韵律，如人们基本按照"春生、夏长、秋收、冬藏"来安排一年大致的农事活动，四季轮转，寒来暑往，周而复始。在可食景观设计中可通过铺装材料、植物、景观小品等分布的规律变化体现节奏与韵律（图2-6）。

2.3.1.3　对比与调和

对比是指在质或量方面区别和差异的各种形式要素的相对比较。在景观设计中常采用各种对比方法来使彼此不同的特色更加明显。一般是指形、线、色的对比，质量感的对比，刚柔静动的对比等。在对比中相辅相成，互相依托，使景观活泼生动而又完整。例如，空旷的草坪上，由于孤赏树木的存在，水平的草坪显得更加开阔和爽朗。可食景观设计中对比手法主要应用于空间对比、疏密对比、高低对比、曲直对比等。

图2-7 通过菜园围栏的统一达到整体的调和

调和就是适合，即各种设计元素在部分之间不是分离和排斥的，而是统一和谐、被赋予了秩序的状态。一般来讲，对比强调差异，而调和强调统一，适当减弱形、线、色等图案要素间的差距，如同类色配合与邻近色配合具有和谐宁静的效果，给人以协调感。对比与调和是相对而言的，没有调和就没有对比，它们是一对不可分割的矛盾统一体，也是取得图案设计统一变化的重要手段（图2-7）。

2.3.1.4　尺度与比例

美是各部分的适当比例再加一种悦目的颜色。

——圣·奥古斯丁

美产生于形式，产生于整体与各部分之间的协调，部分之间的协调，以及又是部分与整体之间的协调。

——帕拉迪奥

比例是理性的、具体的，尺度是感性的、抽象的。比例是形体自身各部分的大小、长短、高低在度量上的比较关系，一般不涉及具体量值，是人们在长期的生活实践中所创造的一种审美度量关系。比例体现在园林景物的体型上，具有适当美好的关系，这些关系难以用精确的数字来表达，而是属于人们感觉上和经验上的审美概念。

景观中的尺度指景观空间中各个组成部分与具有一定自然尺度的物体的比较（图2-8、图2-9）。功能、审美和环境特点决定景观设计尺度，任何景观都需要从景物本身的三维空间进行研究与设计。可食景观是为人们提供休憩、劳作、欣赏、教育等的现实空间，所以，需要尺度满足

图2-8　大尺度可食景观——稻田画

图2-9　小尺度可食景观——庭院菜园

人的需求。不可变尺度，或者称为适用尺度，如座椅高度、农具尺寸等都需要按照一般人体常规尺寸来确定。为残疾人提供的特殊景观设施需要特别考虑。

2.3.1.5　均衡与稳定

由于景观设计中的景物是由一定的体量和不同材料组成的实体，因而常常表现出不同的重量感。探讨均衡与稳定是为了获得景观布局的完整和安全感。

（1）均衡

① 对称均衡。对称均衡布局有明确的轴线，在轴线左右完全对称。对称均衡布局常给人庄重严整的感觉，在规则式的景观设计中采用较多，如纪念性景观、公共建筑的前庭绿化等，有时在某些景观设计局部也会运用。对称均衡布局的景物常常过于呆板而不亲切。

② 不对称均衡。在景观设计布局中，由于受功能、组成部分、地形等各种复杂条件制约，往往很难也没有必要做到绝对对称形式，在这种情况下常采用不对称均衡的布置手法。不对称均衡的布置要综合衡量景观构成要素的虚实、色彩、质感、疏密、线条、体形、数量等给人带来的体量感觉，切忌单纯考虑平面的构图。不对称均衡的布置小至树丛、散置山石、自然水池，大至整个园林绿地、风景区的布局。它给人以轻松、自由、活泼变化的感觉，所以广泛应用于一般游憩性的自然式景观设计中。

③ 质感均衡。根据人的日常生活经验，在重量感上一般认为建筑、

石山的分量大于土山、树木。同一要素内部给人的印象也不同，如大小相近的石屋重于木屋，实体材料重于透空材料，深色重于浅色，粗糙重于细腻等。将不同质感的景观元素进行合理布局同样可以达到均衡的效果。

（2）稳定

景观布局中的稳定是指建筑、山石和植物等上下、大小所呈现的轻重感的关系。景观布局方面，往往在体量上采用下面大，向上逐渐缩小的方法来取得稳定坚固感。而随着科技的进步和人们审美观念的改变，即使上大下小、上重下轻，只要处理得当也可以取得稳定感，并可显示轻巧活泼的特点。

2.3.2 功能

可食景观布局是综合设计、工程及管理等的综合艺术的最终体现，必须思量好其功能分区的合理性。功能分区就是将各功能部分的特性和其他部分的关系进行深入细致、合理、有效的分析，最终决定它们各自在基地内的位置、大致范围和相互关系。功能分区常依据动静原则、公共和私密原则、开放与封闭原则进行分区。

可食景观中的各类活动可归结于"点"的观赏和"线"的流动两个方面。在合理的功能分区基础上，组织道路系统即"流动的线"，创造系列的活动空间。一般可考虑三类道路形式：

① 一级道路（干路），车辆可以通过，保证日常的消防需要、景观管理及植物养护等工作；

② 二级道路（次干路），作为游人游赏及参与相关活动的主要道路系统，连接各个重要景观节点，以步行为主；

③ 三级道路（支路），主要起到辅助作用。在屋顶菜园、社区花园等体量较小的可食景观设计中，对于道路系统的设计可以因地制宜地开展，满足日常的种植、采摘、休憩等需要即可。可通过不同铺装材料的运用体现道路系统的功能。

2.3.3　观赏点与视距的选择

在景观布局中要注重科学性，根据不同植物对于环境的要求进行合理布局，保证植物的健康生长及产量，在满足植物生长需求的前提下安排景观建筑及其他设施。可食景观中观赏点及观赏视距的选择也需要遵循科学性原则。

2.3.3.1　观赏点的选择

游人所在的位置称为观赏点或视点。观赏点的形式有平视观赏、俯视观赏、仰视观赏。平视观赏是视线平视向前，使人处于平静、安宁的气氛之中，不易疲劳（图2-10）。平视风景由于与地面垂直的线在透视上无消失感，故景物高度的感染力差，但不与地面垂直的线均有消失的感觉，因而景物易获得深远感。平视景观宜布置在宁静的环境中，视线可以延伸到较远的地方，如结合安静环境中开阔的水面布置供休息远眺的空间。仰视观赏是中视线上仰，不与地平线平行。因此，与地面垂直的线有向上消失感，故景物的高度具有较强的感染力，易形成高大雄伟的气氛（图2-11）。俯视观赏时游人所处的位置较高，景物展开在视线以下，人必须低头，视线向下，因而垂直于地面的线组产生向下消失感，故景物越低就显得越小。"会当凌绝顶，一览众山小"也即此意（图2-12）。在可食景观设计中，可针对不同尺度、体量等景观实体设置观赏点，保证景观效果的最佳呈现。

图2-10　平视观赏凤凰花

图2-11　仰视观赏凤凰花

图2-12　俯视观赏凤凰花

2.3.3.2 观赏视距的选择

观赏视距是指观赏点与景物之间的距离，观赏视距直接影响观赏的艺术效果。景观中各种景物也需要不同的观赏条件，景物有动有静，空间有暗有明，观赏条件随着春夏秋冬、阴晴雨雪、晨曦暮色而变化。景观有的宜远观，如油菜花田、稻田画等；有的宜近赏，如菜园花镜、一米菜园等。

研究表明，正常人的视力，明视距离是25cm，超过4km以外的景物就不易看到。在视域方面，垂直方向的视角为130度，水平方向的视角为160度。根据计算统计，大型景物合适的视距约为景物高度的3.5倍；小型景物的合适视距约为景物高度的1.2倍。在可食景观设计时，可以将观赏视距设置为景物高度的1倍、2倍、3倍距离。同一景物在不同视域内带给人的感受不同（图2-13）。

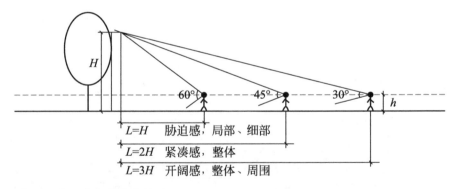

图2-13 视距与景物高度关系

一般来说，在大型的可食景观中，观赏视距在200m以内，人眼可以看清主景中的单体建筑物；200～600m之间，能看清单体建筑的轮廓；600～1200m之间，能看清建筑群；视距大于1200m，只能大约辨识建筑群外形。在小尺度可食景观设计中，由于整体空间尺度受限，不易确定良好的观景视线和最佳视距，多为近距离观察及游赏，因此需要在有限空间内注重前景、中景及远景的设计，增加空间的进深感，关注功能的复合价值，增加景观中的细节设计。

2.3.4 布局形式

可食景观形式的产生和形成，与不同民族、地区、文化传统、地理条件等综合因素的作用是分不开的，主要可以分为以下三种形式：规则式、自然式、自由式。

（1）规则式

规则式布局又可称为几何式布局、对称式布局。

规则式布局的可食景观在全园的平面图上具有较为明显的轴线关系，并围绕中轴线的左右或前后对称进行布局，不同区域的划分大多成为几何形体（图2-14）。道路规划多数以直线为主，整体空间具有较强的秩序感，比较便于植物的日常管理。场地内如果存在主体建筑，景观轴线多作为主体建筑室内中轴线向室外空间的延伸。一般情况下，主体建筑主轴线与室外景观轴线保持一致。

图2-14 规则式可食景观布局（见彩图）

图2-15　自然式可食景观布局（见彩图）

（2）自然式

自然式可食景观布局注重"相地合宜，因地制宜"，追求"自然天成"之感。结合天然的山水地貌，利用已有的自然条件进行总体规划与布局。道路多以自然弯曲的曲线为主，不强调景观的轴线关系（图2-15）。

（3）自由式

所谓自由式可食景观布局，主要指规则式、自然式交错组合，整体没有或无法形成控制全园的中轴线，只有局部区域存在一定的规则式或自然式布局形态。

一般情况下，可结合地形等自然条件进行混合布局，地形平坦处可考虑使用规则式布局；在地形条件较为复杂时，可形成自然式景观布局。

第3章 可食景观色彩设计与
植物空间营造

3.1 可食景观色彩设计

色彩是人脑识别反射光的强弱和不同波长所产生的差异感觉，与形状同为最基本的视觉反应之一。物体被光线照射，反射光被人脑接受，形成对"色彩"的认识。可以说，没有光照就不存在色彩。

3.1.1 色彩的三属性

色彩有色相、明度、纯度三个属性。

（1）色相

即各类色彩的相貌，如红、橙、黄、绿等。色相是色彩的首要特征，是区别各种不同色彩的最佳标准。它和色彩的明暗、强弱没有关系，除了黑、白、灰三色，任何色彩都有色相。人眼区分色彩的最佳方式是通过色相实现的。即便是同一类颜色，也能分为几种色相，如黄色可以分为中黄、土黄、柠檬黄等，灰色则可以分为红灰、蓝灰、紫灰等。

（2）明度

又称为色彩的亮度，是指色彩的明亮程度。各种有色物体由于它们的反射光量的区别而产生颜色的明暗强弱。不同颜色会有明暗的差异，相同颜色也有明暗深浅的变化。如深黄、中黄、淡黄、柠檬黄等黄色在明度上就不一样。

（3）纯度

又称色度或饱和度，是指原色在色彩中所占据的比例。纯度用来表现色彩的浓淡和深浅。纯度是深色、浅色等色彩鲜艳度的判断标准。纯度最高的色彩就是原色，随着纯度的降低，色彩就会变淡。纯度降到最低就失去色相，变为无彩色，也就是黑色、白色和灰色。同一色相的色彩，不掺杂白色或者黑色，则被称为纯色。在纯色中加入不同明度的无彩色就会出现不同的纯度。以蓝色为例，向纯蓝色中加入一点白色，则纯度下降而明度上升，变为淡蓝色。继续加入白色的量，颜色会越来越淡，纯度下降，而明度持续上升。反之，如果加入黑色或灰色，则相应的纯度和明度同时下降。

3.1.2 色彩的印象

人类从外部世界获取的信息有很大一部分来自视觉，而视觉中的色彩信息是非常重要的。在色彩三要素中，色相对人的心理影响最大。人在认识、捕捉色彩时，首先识别的是色相，其次是明度和纯度。当看到颜色时，我们的大脑会产生反射思维，产生不同的色彩印象。色彩印象即人们对色彩或具体或抽象地分析并加以解读，归纳出不同色彩带给人的不同感觉。如红色让人联想到火焰、太阳等，橘色让人联想到秋天、灯光等。

3.1.3 色彩的心理效应

色彩的心理效应是指客观色彩世界引起的主观心理反应。当不同波长的光通过视觉器官产生色感时，常常也在无意识中影响了人们的情绪、性格和行为。和谐悦目的色彩使人在视觉上得到满足，产生心旷神怡的感觉；而不和谐的色彩则令人产生不舒适感。可食景观中使用的植物材料从叶片、枝干、果实到花朵都有丰富的色彩。为了达到更好的景观效果，设计师应根据环境、功能、服务对象等因素选择搭配适宜的植物色彩。

（1）冷色和暖色

冷色和暖色是根据心理感觉对色彩进行的分类。带有红、黄、橙的色调为暖色调，带有青、蓝、紫的色调为冷色调，绿与紫是中性色，无色系的白色是冷色。

（2）色彩的远近感

色彩的远近感（进退感）则与颜色的深浅有关。一般来说，颜色越深，给人的感觉越近，这也是取决于人们的生活经验。比如远山呈现轻蓝，近山浓抹，远树轻描是绘画的基本手法。同时暖色能给人以向前方突出的感觉，被称为前进色；冷色向后方退，被称为后退色。用冷色系的墙壁涂料可以使狭小的房间在感觉上变大，暖色则会使宽大的房间在感觉上变小。从色相上来说，红、橙、黄有前进扩张之感，蓝、绿、紫有后退收缩之感；从纯度上来说，纯度高的鲜艳颜色有前进扩张之感，纯度低的灰色有后退收缩之感；从明度上来说，明度高的亮色有前进扩张之感，明度低的暗色有后退收缩之感。

（3）色彩的轻重感

明度低的深色系具有稳重感，而明度高的浅色系具有轻快感。色彩的软硬感与色彩的轻重、强弱感有关——轻色软、重色硬、白色软、黑色硬。颜色越深给人的感觉越重、越硬。

（4）色彩的情感

色彩是能引起人们共同审美愉悦的、最为敏感的形式要素。色彩是最有表现力的要素之一，因为它的性质直接影响人们的感情。色彩可以影响人的情绪，明亮鲜艳的色彩可以使人感觉轻快，灰暗沉重的颜色令人忧郁。所以，在有纪念意义的场所以常绿植物为主，一方面常绿植物象征万古长青，另一方面常绿植物以暗色调为主，显得庄重；而在一些以娱乐功能为主的场所则考虑使用一些色彩艳丽的植物，创造一种轻松愉悦的氛围。偏暖的色调容易让人兴奋，而偏冷的色调容易让人沉静。常见色彩代表的情感如下。

① 红色：热烈、喜庆、热情、浪漫。

② 黄色：艳丽、单纯、温和、活泼。

③ 蓝色：整洁、沉静、清爽。

④ 橙色：温暖、友好、开放、趣味。

⑤ 绿色：自然美、宁静、生机勃勃。

⑥ 紫色：神秘、优雅、浪漫。

3.1.4　色彩的分类

在可食景观设计中主要存在三类色彩，即自然色、半自然色、人工色。

（1）自然色

自然色指自然物质表现出来的原始色彩，在可食景观中主要为天空、水体、植物等的色彩，种类丰富且富于变换。在室外进行可食景观营造时要注重自然环境中的自然色，自然色多作为背景色存在。天空、大地、水体、山林等自然物质实体的固有色组成了室外空间流动的画面，形成了天然的基础色调。在设计中要充分考虑自然背景色的存在，将其融入景观环境之中，以此为背景开展相关色彩搭配。在室内或城市公共空间中进行可食景观营造时要注重周围墙体、地面等背景环境的色调，合理进行搭配，色彩不宜过于复杂。

（2）半自然色

半自然色是指经人工加工，但不改变自然物质性质的色彩。如人工加工过的木材、食材、金属的色彩。可食景观设计的基础色调多为自然色彩，如植物等，所占比重较大，半自然色彩一般作为点缀。

（3）人工色

人工色是指通过各种人工手段生产出来的色彩。在可食景观中主要表现为各种人造景观小品、涂料、园艺工具等的色彩。人工色相对稳定，主要通过各类人造材料体现，在可食景观中满足观赏性的同时，需要关注其生产及教育价值，在进行生产及相关活动中运用各类器皿、工具、教具等。这些物品也存在较多色彩，在摆放及使用中也需要进行规划设计，让它们在不使用时也成为一种良好的景观。

3.1.5 光线的效果

古希腊哲学家亚里士多德认为：光即是色彩，有光的存在才能有色彩，因为没有它就没有任何景象。光是一切物体颜色的来源，光刺激到人的视网膜时形成色觉，没有光人们就感受不到色彩。色彩是由于物体对不同的光线进行吸收和反射而形成的，因此光线与色彩之间也就存在着极大的关联。如在无色的强光照射下，颜色的明度会提高，但其纯度会降低；反之，如果颜色受光不足，其明度就会降低。

光线会影响色彩的品质，同样的色彩在不同时间段看起来截然不同。浅色在柔和的清晨和傍晚的光线下，会显得轻柔宜人，在正午强烈的阳光下则看起来苍白无力。鲜艳的花朵在正午看起来灿烂夺目，清晨和傍晚看起来则比较花俏。因此在朝阳和夕阳可以照射到的区域可种植红色、橙色、黄色等植物，它们会在朝霞中显得更加鲜艳，生机勃勃。但是在这类区域不适合种植蓝色、紫色、白色的植物，因为它们会在朝霞和晚霞中显得暗淡，缺乏生命力。相反，在晚上或树荫下，白色和蓝色的植物则会显得非常跳跃。在中午光线照射的地方种植蓝色、白色、紫色的植物，会让这些植物更加鲜亮。绿色的使用最多，每一个花园都应该是以绿色为背景，其他颜色在此基础上发挥作用。绿色随着季节的变化是无穷的。

3.2 可食景观植物空间营造

植物具有许多不同于其他景观设计要素的特征。其中最大的特征就是具有生命，它能够随着季节和生长的变化而不停地改变色彩、质感、疏密、形态。所有植物在生长中都会发生拓展自身的变化，如银杏、雪松等多年生乔木的生长变化在短时间内不易被察觉，但是经过较长时间变化则非常明显。在可食景观中运用到的可食用植物材料，如各类叶菜类蔬菜等，在较短时间内易于感知其生长的变化。

另一个明显特征是，在植物生长过程中需要提供一系列特定的生长环境，供其生存和健壮，如光照、通风、土壤肥力、病虫害防治等。这就需要设计之前充分了解场所内的环境条件，而后再确定、选取适合此条件下生长的植物品种。基于以上因素，设计中需要针对不同植物的生长特性、观赏价值、食用价值、环境条件等进行统筹考虑。在进行可食景观营造过程中要注重园林植物与具有食用价值植物材料的协同作用，运用景观设计的方式发挥植物的各方面价值。

3.2.1 可食景观中植物的观赏特性

在室内外环境中，每一种景观植物都具有自己的色彩、体量、形态、气味及作用，不同植物也具有各自的观赏价值。

3.2.1.1 植物的体量

根据植物在景观环境中的体量及形态不同可将其分为乔木、灌木、地被等类型。

（1）乔木

乔木主要是指树身高大的树木，由根部发生独立的主干，树干和树冠有明显区分，可高达数十米。根据不同高度还可以将乔木细分为大乔木、中乔木及小乔木。乔木作为景观骨架具有体量上的优势，可作为主景、视觉焦点进行相关设计。大中型乔木也具有一定建筑功能，可以

图3-1　大乔木作为"天花板"为游客提供庭荫空间

图3-2　小乔木作为"墙面"遮挡两侧视线

遮挡不利视线，调节光照和风速，同时可以充当"天花板""墙面"等限定和组织空间的因素（图3-1、图3-2）。在可食景观设计中对于大乔木的设计可以多保留场地原有植物，对其进行充分利用；对于中乔木及小乔木可以将其用来提供自然的庭荫。林荫处的气温比空旷地低，也可以为建筑进行遮阴。在入口处、通往重要景观节点处，以及狭窄空间的末端，也可以使用中乔木或者小乔木以引导和吸引游人。可食景观设计中可以使用具有一定食用价值的乔木，如：樱桃、芭蕉、芒果、杏树、香椿等。

（2）灌木

灌木是指那些靠近地面、枝条丛生而无明显主干的木本植物，一般可分为观花、观果、观枝干等几类。选择具有耐修剪特性的灌木可以作为绿篱，在空间的垂直面上形成闭合的效果，还可以形成线性空间，将人的视线和行动引导至终端（图3-3）。超过人视高度的灌木也可以用来遮挡视线，形成一定遮挡效果，也可以运用低矮的灌木进行空间的限制与分割（图3-4）。在可食景观设计中可以考虑应用具有良好观赏功能的灌木，如丁香、连翘、红花檵木、木槿等。

（3）地被

地被植物是指那些株丛密集、低矮，经简单管理即可代替草坪覆盖在地表，防止水土流失，能吸附尘土、净化空气、减弱噪声、消除污染并具有一定观赏和经济价值的植物。它不仅包括多年生低矮草本植物，还包括一些适应性较强的低矮、匍匐型的灌木和藤本植物。地被植物各有不同，有的开花，有的不开花，有木本也有草本。地被植物可作为室外空间的植物性"地毯"，可以起到良好的暗示空间边界的作用（图3-5）。在进行可食景观设计时，不但能利用地被植物独特的色彩及质感提供观赏的情趣，还可以用其衬托主要景物，从视觉上将孤立的景观因素进行联系。在可食景观中除了可以考虑其他园林景观中常用的地被植物材料以外，也可以运用株丛较为密集、低矮的可食类蔬菜等进行混合种植，在达到景观效果的同时获得良好的经济效益（图3-6）。

图3-3　高灌木形成的垂直空间

图3-4　利用灌木对空间进行分割

图3-5　利用地被植物划定空间边界

图3-6　蔬菜与其他地被植物的结合运用（见彩图）

3.2.1.2 植物的外形

单株或群体植物的外形是指植物从整体形态与生长习性来考虑的大致外部轮廓。虽然其观赏特征不如体量特征明显，但是它在构图和布局上影响着统一性和多样性。

植物的外形是三维的，可以在不同方向和距离进行观赏。植物的外形受环境因素影响较大，不同生长环境可以改变植物的形状。对于植物形状的描述前提是其具有较为适合的生长条件，且生长空间不拥挤。可食景观中植物的外形可以大致分为如下几类（图3-7）。

（1）椭圆形

灌木和乔木从总体外形上看多数属于此类形态，植株总体向上生长，树冠横向拓展生长，总体形状呈椭圆形，如柿子、悬铃木、枇杷等。此类植物总体形态圆润、稳定，与地面关系较弱。

（2）圆锥形

此类植物外观上呈圆锥形，整个形体从底部逐渐向上收缩，最后在顶部形成尖头。圆锥形植物主要以云杉属等常绿类乔木居多。圆锥形植物除具有容易被人注意到的尖头外，总体轮廓非常清晰。适合作为视觉焦点，与低矮植物搭配形成较好的对比效果。可以与尖塔形建筑及山峦形成呼应。

（3）匍匐形

一些灌木或多年生草本植物有着明显的匍匐或平展形状，包括借助匍匐茎等而趴地蔓延生长的植物，如常春藤、草莓、平枝枸子等；也包括茎部细长，不能直立，只能依附在其他物体（如树、墙、架子等）或匍匐于地面上生长的一类植物，如爬山虎、凌霄、哈密瓜等。此类植物可以用来强调地形变化，形成较好的基底效果。较高的植物可以生长于其中，形成较好的视觉效果。

（4）丛生形

也称束状，灌木多为丛生形，也包括一些草本植物类，没有明显主干，由多数枝条组成统一的植株整体，如蓝羊茅、薹草、丁香等。一些丛生乔木也是丛生形，如丛生五角枫等。此类植物具有良好的上升感，视觉上更有活力，可以很好地填充高大植物之间留出的较小空间。

（5）垂枝形

垂枝形植物具有明显的悬垂或下弯枝条。在自然界中，地面较低洼处（如河床两旁）常生长有此类植物，如垂枝樱花、龙爪槐、连翘等。在设计中它们起到将视线引导向下的作用，可以多与水体设计相结合，也可考虑将该类植物种植于种植区域边缘或地面高处，便于植物发挥下垂的生长特性。

（6）雕塑化形状

此类植物在三维体量上可以迅速成为视觉的焦点，如丝兰、折扇芦荟、火龙果等。当前比较受欢迎的多肉类植物也具有显著的外形，也可称之为雕塑化形状植物，在可食景观中也可以进行应用。此类植物在进行栽种时，孤植及小组团种植均可，像对待雕塑一样去把握它们。

（7）修剪的形状

植物不仅仅可以进行随机自然生长，也可以根据需要及生长特点对其进行适当的造型修剪。通过精心设计与修剪的各类绿篱是最为常见的，如锦熟黄杨、欧洲红豆杉等。可以考虑将果蔬进行编织和修剪成树墙、扇形、花篮等造型，葡萄、软枣猕猴桃等藤本作物也可以被整形到架子上。此类修剪后的植物具有强烈的几何感，相对于自由生长的植物呈现的繁茂和不可预测性，能产生组合的秩序感。

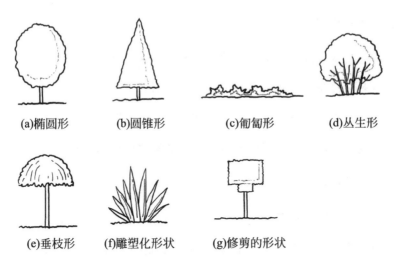

(a)椭圆形   (b)圆锥形   (c)匍匐形   (d)丛生形

(e)垂枝形   (f)雕塑化形状   (g)修剪的形状

图3-7　植物常见外形

3.2.1.3　植物的色彩

植物在不同季节、不同生长周期中的色彩变换是最引人注目的观赏特征。植物色彩通过植物的各个部分展现出来，如枝干、叶、花、果等。植物主体的色彩为绿色，主要由植物的叶片呈现出来，也是植物色彩的主基调。此外，植物叶片会随着季节变化而呈现不同的面貌，植物的花、果等也会呈现出不同的色彩。植物的色彩直接影响室内外空间的气氛和情感。在可食景观植物营造中需要充分了解场地不同区域的使用功能，同时通过植物营造出与之相适应的色彩氛围。在植物色彩设计中要考虑不同季节的变化情况，尤其在比较寒冷的冬季，植物色彩比较单一。各类艳丽的花色、叶色都具有很好的观赏价值，但寿命具有一定限度，持续时间较短，在设计中要考虑不同时间段各类色彩的搭配和观赏周期，不能仅仅根据花色来进行设计。

3.2.2　可食景观中植物营造的影响因素

除了基因影响植物的生长变化以外，环境因素在植物生长过程中也起到至关重要的作用。其中一些可以通过设计或管理的方式加以调控。

3.2.2.1 场地空间范围

种植面积大的可食景观项目，可以选择植物形态上有"众势"的植物，如小麦、水稻，或者果实形态较为高大的植物，如冬瓜、南瓜等；面积较小的场地，形态适中且生长迅速的植物是较好的选择，如油菜、韭菜、葱、茼蒿等植物，另外也可选择独立成景的植物；较大垂直空间的场地，可用支架进行立体栽培，如豆角、黄瓜、丝瓜、番茄等生产性植物，也可以利用容器栽植的形式进行立体种植，如薄荷、生菜、草莓等植物。

3.2.2.2 光照条件

可食景观中需要考虑观赏类植物的光照需求，同时更需要考虑景观环境中的生产价值。受光照强度影响较为显著的植物类型为蔬菜类。在常见蔬菜类植物中，黄瓜、茄子、南瓜等喜欢强光照，白菜、萝卜、青菜等对光的需求一般，莴苣、生姜、韭菜等蔬菜对光的要求则相对较弱。生产性植物种植时需要根据环境、地形、房屋布局等因素造成的光照强度不同来选择适宜的种类。

3.2.2.3 水源条件

为了节约用水、合理利用水资源，在建设可食景观时需要考虑水资源的合理及循环利用，可考虑雨水收集、滴灌技术等的应用。

3.2.2.4 土壤条件

植物的健康生长需要土壤的帮助。在植株生长的过程中，土壤主要起到四个作用：

① 支撑作用，让作物可以更容易接触到光源；

② 提供作物生长所必需的水和氧气；

③ 提供氮、磷、钾等养分；

④ 对高浓度养分和密集微生物起到缓冲作用。

土壤健康与生态健康、人体健康等密切相关，只有健康的土壤才能提供健康的食物。土壤的健康程度直接决定可食景观中植物的生长及产出情况，所以在选址时就应检查土壤的健康情况；在项目营建过程中也需要保护土壤，可以通过植物筛选、生态安装技术、堆肥技术等生态措施恢复土壤活力，减少环境侵蚀。

3.2.2.5　病虫害的影响

植物在生长过程中会遭受不同程度的病害及虫害侵扰。在乡村中，兔子、羊、地鼠等动物的选择性啃食也会限制一些植物的生长。在对相关病虫害的治理过程中应减少化学试剂的使用，通过生物防治和生态防治等方法降低、抑制病虫害。

3.2.3　可食景观中的种植设计

3.2.3.1　种植设计的主题

可食景观中的种植设计是重要的设计内容。"可食"这一大的主题主要是通过相关可食用植物的种植实现的。在具体的种植设计中需要具有一个较为统一的设计理念或者有针对性的主题进行进一步的设计把控，因为一旦选定后就会对细节的设计给予灵感和设计框架，有助于进行相关场地的分区及植物品类的选取。

（1）以色彩为主题

景观设计中植物是色彩构建的主体，也是最活跃的因素。许多优秀的景观将花、果、干、叶的色彩限定在有限的、相联系的范围内。运用植物自身的色彩对场地进行划分，可以将具有相同色彩的植物进行统一种植，形成不同季节、不同时间段的场地色块。可将花期一致、色彩统一、生态条件要求相近、利于管理、效果好的植物进行片植。但是，此类种植方式要考虑观赏期后装饰效果大打折扣的问题，需要进行相关的景观化处理。也可以考虑采用花果同色、叶片同色等方式进行种植。

（2）以季节性为主题

随着四季的变换，植物景观也会呈现不同的魅力。可以将春、夏、秋、冬四个季节从时间概念变为空间概念，形成四个不同的体验空间。

设计中注重不同季节的植物特点展示。例如，早春可以种植球根类植物及早花灌木；春末夏初主要观赏乔木及观花灌木；盛夏以多年生草本植物及喜阳类蔬果为主；秋天观赏秋叶及果实，展现秋收景象；冬季很多地区进入植物景观的萧条期，可以进行观赏的为植物的枝干及部分不落叶植物。

（3）以植物分类为主题

18世纪，植物分类学创始人林奈发表了植物的分类系统，从此分类区开始在各类植物园的规划和建设中成为重点。在可食景观的设计中可以按照植物分类中的属、科、目对不同植物空间进行安排，如玫瑰园、桂花园、茶园、竹园、药草园、蔬菜园及各种专类花园等。分类上的联系能形成主题，有助于统一整个种植设计。分类上紧密联系的植物在种植上存在一个风险就是病虫害，很大一部分植物易于遭受同一种病虫害，所以在种植时需要多加注意。

（4）以生境为主题

生境是指生物的个体、种群或群落生活地域的环境，包括必需的生存条件和其他对生物起作用的生态因素。可以根据不同植物的自然生境作为景观组织形式，如岩石植物园、灌木植物园、水生植物园、耐盐碱植物园等。

（5）以功能为主题

可食景观的总体规划上都具有不同的功能区域，可以根据不同区域的功能需求开展种植设计。例如充分利用"视觉、听觉、嗅觉、味觉、触觉"五感开展主题营造。所谓"五感"景观就是将五感设计应用到植物景观中来，通过丰富环境景观的生命力让人们的感觉充分得到满足，形成全方位的感官体验。可以根据区域内的功能需求进行种植设计，如在农耕体验区种植常见的本土农作物，便于开展相关农事活动；在扎染体验区，可以种植各类原材料，如红花、板蓝根等。

3.2.3.2 种植设计的形式

（1）花坛式

花坛一般是在具有一定几何外形轮廓的种植床内，种植各种不同色彩的观赏植物而构成一幅具有华丽纹样或鲜艳色彩的图案画，所以花坛是用活植物构成的装饰图案。可食景观中也可以采用其他景观设计中常见的花坛形式，主要通过种植一些可食用花卉以及观花观叶蔬菜、香料类植物、中草药材及食用菌，来表现花卉和蔬菜花叶的群体美。与常规景观观赏植物相比，各类可食用果蔬具有更多样化的形态和质感，如甘蓝、菜花、紫叶小白菜等，可以丰富花坛景观效果。2013年ASLA通用设计荣誉奖获奖的梅德洛克艾姆斯品酒屋的室外景观，就是用大量的蔬菜及香草类作物作为花坛的种植素材（图3-8、图3-9）。

花坛的装饰性是水平展开的，一般都位于人的视平线以下，多数采用规则式种植方式突出花坛的装饰效果。花坛可以作为主景和配景出

图3-8　梅德洛克艾姆斯品酒屋的蔬菜及香草花坛一

图3-9　梅德洛克艾姆斯品酒屋的蔬菜及香草花坛二

现，如果作为主景要注意花坛与所在场地（如广场）面积的比例。一般情况下，最大不要超过1/3的面积，最小也不要小于1/15。作为配景的花坛多以群组形式出现，可以考虑在景观轴线两侧布局。花坛内种植的各类食用植物建议通过盆栽来进行育苗，多选择草本植物，这样便于移栽，按照最初设计方案，形成较准确的装饰图案。常规的花坛以欣赏花朵的魅力为主，但是在可食用植物中观花品种较少，可以考虑与观赏花卉配合种植，以达到更好的景观效果。

（2）花境式

花境式种植形式是利用可食用花卉及观花、观叶、观果等蔬菜类作物，根据自然风景中野生花卉自然分散生长的规律，通过艺术手法的提炼形成景观的种植方式（图3-10）。花境是从规则式构图到自然式构图的一种过渡的半自然式种植形式，能营造丰富的视觉效果，在满足可食景观多样性的同时也保证了物种多样性。花镜一般呈带状展开，长轴很长，短轴的宽度是一定的。设计时要考虑花境的宽度，应该从视觉要求出发。矮小的草本植物花境宽度可以小一些，如果有较高大的木本植物参与花境营造，其宽度要适当加大。距离观赏路线较近的空间宜栽种低矮植物，远离的区域宜栽种较高大的植物，保证前后植物无遮挡。与花坛相比，花境更强调一种自然之美、群落组合之美，不强调图案与

图3-10　花境式种植形式

造型。在可食景观花境营造中，可以考虑可食用植物与多年生宿根花卉相结合，保证不同季节的观赏效果。花境可以作为基础栽植布置于建筑周边，可以沿着道路走向两侧或单侧布置，也可与花架花廊结合布置。设计中要有主景、背景、配景之分，要有高度参差之分；色彩上要有主色、配色、基色之分；在植物的线型、叶态、质感上也要做到多样统一的组合，还需要兼顾四季交替的变化。

（3）菜畦式

中国在2000多年以前已使用菜畦种菜。菜畦主要有平畦、高畦、低畦和垄四种形式。菜畦式种植比较适用于小环境内，利用常见食用果蔬进行景观营造，兼具观赏性与食用性。设计中可以沿袭传统的菜畦种植形式与方法，打造人们印象中的农业景观形象。也可以使用一些景观化的设计方式划分菜畦，如曲线、折线等（图3-11）。最能区别于传统观赏性景观的地方为其体现的是农作物生长的自然、动态之美——从作物发芽、幼苗生长到成熟再到收获的高度变化、颜色变化等。其田块划分的主要形式有方格式、条带式、放射式与不规则式等（图3-12）。

图3-11 景观化的蔬菜种植

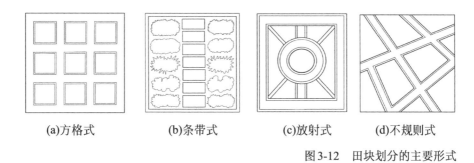

(a)方格式　　　　(b)条带式　　　　(c)放射式　　　　(d)不规则式

图3-12　田块划分的主要形式

（4）容器式

可移动种植容器的体量和数量都非常容易控制，应用灵活，可克服空间的限制，适合于所有场所，特别适合于临时的种植场所，如广场、临时闲置地、建筑走廊、院落等都市空间。容器式种植主要有抬高的种植槽、种植袋、种植花盆等方式（图3-13）。也可以充分挖掘旧物利用价值，如轮胎、水缸、水桶等（图3-14），在营造特色种植环境的同时变废为宝。

图3-13　抬高的种植槽　　　　　　　　　图3-14　雨靴花盆

（5）立体式

立体式种植是指充分利用不同的立地条件，选择可食用植物中的攀缘植物及其他植物栽植并依附或者铺贴于各种构筑物及其他空间结构上的绿化方式，包括建筑墙面、坡面、河道堤岸、屋顶、门庭、花架、棚架、阳台、廊、栅栏、枯树及各种假山与建筑设施上的绿化。对篱笆、栅栏、廊架等构筑物进行绿化，如水果类的葡萄、猕猴桃等；豆类蔬菜的扁豆、菜豆、豌豆、蚕豆、豇豆等；瓜类蔬菜的苦瓜、南瓜、蛇瓜、黄瓜、丝瓜等（图3-15～图3-17）。

图3-15 荷兰能"吃"的房子（1）

图3-16　荷兰能"吃"的房子（2）

图3-17　立体种植的可食景观

（6）俯瞰式

在可食景观的设计中，观景点是很重要的。俯瞰指俯视，从高处往下看。在俯瞰的视角中，由于视点被抬高，视线与景观之间的阻隔变得更少，因此视野不再受阻隔，能够全方位进行观赏。

俯瞰更注重景观平面化的整体效果，常规视角下的景观当观视点提高后都可以取得不一样的震撼之美，可以从全局角度对景观进行欣赏。

但是这种美丽带来的却是一种遥远的眺望。俯视观赏景观时需要为观赏者提供较高的观赏点，需要借助观景台等建筑进行观赏。俯瞰的可食景观适合较大面积种植相同品种的植物，或相同色彩、质感的植物，以便更好地形成整体效果，满足俯瞰观赏需求，如稻田画景观等。

（7）其他创意种植形式

① 一米菜园。"一米菜园"是指在1m²左右的空间中进行较为密集的种植。这种种植形式具有较强的适用性（图3-18、图3-19）。在土地上可以直接制作1m×1m的框子（材质可以考虑木质等），然后固定在地面。如果在屋顶等硬质地面上可以使用封底种植槽或者抬高的种植箱等。这种种植形式最早由美国工程师梅尔·巴塞洛缪发明，其操作简

图3-18　一米菜园　　　　　　　　　　图3-19　一米菜园的尺寸可以根据实际情况进行调整

易、占地不大，能够在很小的范围内生产出满足一家四口全年所需的蔬菜。一米菜园与传统菜园相比有以下优势：

a. 产量更大，是同等面积菜园的5倍；

b. 需土量更小；

c. 维护简易，只需花普通菜园2%的管理时间；

d. 种菜、种花都可，更实用美观；

e. 一米菜园并不只是园艺空间的利用、健康蔬菜的种植，更是寓教于乐、亲子互动、师生交流的理想方式。

② 螺旋菜园。螺旋菜园是指使用石块或砖块等储热型及耐久性良好的材料堆成螺旋状的菜园，主要用于自然感知活动。螺旋状的结构具有便于排水、提供多样的光照角度和水分湿度、增加种植面积、方便维护及采收等优点。在建造螺旋菜园过程中，为了巩固泥土不向外塌陷，从第二层起，每块砖都要比下一层略向内移动半指到一指的距离，斜坡地在设计时要考虑蓄水问题（图3-20）。

图3-20　螺旋菜园

图3-21 香蕉圈

图3-22 锁孔菜园

③ 香蕉圈。香蕉圈也称为坑花园，是一个深度约为1m，带隆起环形边界的土坑，是堆放落叶、秸秆等有机质的理想场所（图3-21），为香蕉这类喜水、喜肥的植物打造适合的生长环境。圈内侧可种植芋头等耐阴、耐湿的植物，外侧可种植一些洛神花等比较耐干旱的植物，而圈上方可种植地瓜或南瓜，覆盖表土。

④ 锁孔菜园。锁孔菜园是指在圆形菜园（外围直径3m左右）中间留下锁孔形工作空间，在中心操作区所有的植物都触手可及，便于管理。锁孔花园的优势是更方便打理，中间有一个堆肥篮，可以从顶端开口投入堆肥的落叶和厨余，从堆肥篮浇水时营养物质就会从四面八方渗透到土里。锁孔菜园是一个大型的升高种植床，可以有一系列形状、大小和深度（图3-22～图3-24）。制作任何种植区域时，最重要的是可以确保操作者可以轻松到达所有区域，而不需要站在种植床上。锁孔菜园的外缘可以从周边进入，通往中心的种植路径可进入种植床内部。锁孔菜园比较适合干旱地区。

图3-23　锁孔

图3-24　组合式锁孔菜园（见彩图）

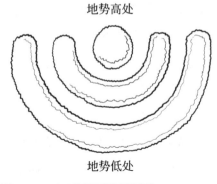

地势高处

地势低处

图 3-25 WiFi 菜园平面示意图

⑤ WiFi 菜园。WiFi 菜园就是形状像 WiFi 信号格一样的菜园。WiFi 菜园一般建在有坡度的地方，顺应地形的 WiFi 菜园以堆肥箱为中心，把堆肥箱放在地势高处，每当下雨时，水和肥向低处流淌，充分滋养周围的植物（图 3-25、图 3-26）。

图 3-26 WiFi 菜园分层示意图

3.2.3.3 种植方式

可食景观的设计不仅要考虑丰富的景观性，同时也要兼顾稳定的食材输出，其种植耕作方式应该汲取农业生产中节约、高效和生态的种植经验。可食景观在种植方式上可采取伴生种植、间作、轮作、套作等形式。

（1）伴生种植

伴生种植是农业种植中广泛推广和应用的耕作技术，其主要特征是利用不同作物生长特性的差异，使作物之间相互辅助，进行混植。伴生种植具有改善土壤结构、提高抗病虫害能力、提高农作物产量及质量的作用。比如，可以将豆类、南瓜和玉米种在一起，因为豆类能利用根瘤菌增加土壤中的氮肥，南瓜能为玉米提供很好的覆盖，而玉米又能为蔓生豆类提供支架。万寿菊能散发一种杀除线虫的化学物质，因此是西红柿、青椒等易遭线虫攻击的蔬菜的良伴。另外葱类不能和豆类种在一起，但是和胡萝卜却是好搭档。西红柿和土豆不宜种在一起，因为它们容易互相传染疫病。适宜的伴生种植模式运用在居住区生产性景观的营造中，一方面可以丰富植物栽培形式，增添景观效果；另一方面也可以提高种植效益。

（2）间作

间作是在同一田地上于同一生长期内，分行或分带相间种植两种或两种以上作物的种植方式。通过对植物进行合理的间作，不仅可以充分利用土地资源、光能，还可以有效抑制病虫害。间作可提高土地利用率，同时，两种作物间作还可产生互补作用，如豆科与禾本科植物间作有利于补充土壤氮元素的消耗等。但间作时不同作物之间也常存在着对阳光、水分、养分等的激烈竞争，因此间作的形式往往会结合食材植物的生活习性和生态特征进行设计。

（3）轮作

轮作是指在一定年限内不同作物在同一块地上按一定顺序轮换种植。轮作可以使土壤得到有效的调节，均衡地利用土壤养分，同时不会产生对某种特定植物有害的病菌，有利于当地生态环境。轮作可以使景观定期性地更换，增加景观的新鲜度。所以在食材种植设计中，不应限制某块地上种类的选取，而是应该对该地块作物进行一个时间轴上的安排建议。

（4）套作

套作与间作相似，但更强调食材物种之间种植时间的衔接，指在前季作物生长后期的株、行或畦间播种或栽植后季作物的种植方式，是一种解决前后季作物间季节矛盾的复种方式。套作的主要作用是争取时间以提高光能和土地的利用率，提高单位面积产量，有利于后季作物适时播种。套作应选配适当的作物组合，调节好作物田间配置，掌握好套种时间，解决不同作物在套作共生期间互相争夺日光、水分、养分等矛盾，促使后季作物幼苗生长良好。

3.2.4　可食景观中植物材料的选择

可食景观中的植物材料根据不同的应用需求和形式可分为乔木类可食用植物、灌木类可食用植物、地被及爬藤类可食用植物、水生类可食用植物。

3.2.4.1　乔木类可食用植物

乔木类可食用植物主要为一些具有观赏价值和食用价值的高大乔木，其树形美观，或花、果实、叶片具有较好的观赏和食用价值，可作为背景植物材料，或行道树、孤赏树进行应用。在城市景观中，杏、柿子、芒果等具有可食用价值的乔木已经具有较好的应用。常见的乔木类可食用植物见表3-1。

表3-1　常见的乔木类可食用植物

序号	名称	习性	观赏特性	食用价值
1	银杏	喜阳，耐寒，抗多种有毒气体	树高10～30m，秋叶黄色，花期4～5月，果10月	银杏果又名白果，营养丰富；银杏叶是一味中药，具有活血化瘀、通络止痛的功效；银杏叶内含有毒素，服用银杏叶治疗疾病时，一定要遵从医嘱
2	桂花	阳性，喜温暖湿润气候	树高5～8m，花黄色、白色或橘红色，浓香，花期9～10月	桂花的花朵具有食用价值，可加工为桂花糕、桂花酒等食品
3	板栗	阳性，适应性强，深根性	树高15～20m，庭荫树，果实具壳斗，具有观赏价值	果实可食用，可生食也可脱壳磨粉制成糕点、豆腐等副食品；树根或根皮、叶、总苞、花或花序、外果皮、内果皮、种仁可入药

续表

序号	名称	习性	观赏特性	食用价值
4	枣	阳性，耐旱，对土壤适应性强，耐贫瘠	花期5～7月，果期8～9月	果实可食用，含有丰富的维生素C，除供鲜食外，还可以制成蜜饯和果脯，以及枣泥、枣面、枣酒、枣醋等，为食品工业原料
5	枇杷	弱阳性，喜温暖湿润，不耐寒	树高4～6m，叶大浓郁，果期5～6月，初夏黄果	果实营养丰富，可作为水果食用，具有止渴、润燥、清肺、止咳等功效
6	杏	阳性，耐寒，耐干旱，不耐涝	树高3～8m，花粉红色，花期3～4月	是中国最古老的果树栽培品种之一，果实可食用；杏种子味苦、微温，具降气止咳平喘、润肠通便等功效
7	桃	阳性，耐干旱，不耐水湿	树高3～5m，花粉红色，花期3～4月	桃具有药用价值，其干燥成熟的种子入药称为"桃仁"；果实可食用，多汁有香味
8	山楂	弱阳性，耐寒，耐干旱瘠薄土壤	树高3～5m，春观白花，秋观红果，花期5～6月，果期9～10月	山楂是中国特有的药果兼用树种，有消食健胃、行气散瘀等作用，果实带有酸味
9	木瓜	阳性，喜温暖，不耐低湿和盐碱地	树高3～5m，花粉红色，花期4～5月，秋果黄色	木瓜药食兼用，有平肝和胃、活血通络、滋脾益肺等功效，果实营养丰富，富含维生素
10	白梨	阳性，喜干冷气候，耐寒	树高5～8m，花白色，花期4月，果期8～9月	果实可入药，具有生津、润燥、清热、化痰的作用，果实里含有丰富的营养物质，包括各种维生素和钙、铁、磷等无机盐类，除鲜食外，还可酿制多种产品
11	无花果	中性，喜温暖气候，不耐寒	树高1～2m，果期6～7月，果实呈梨形	果实不仅可以食用，药用价值也很高，具有健胃清肠、消肿解毒的功效；果除可以鲜食外，还可以加工制作果酱、果脯、罐头、果汁、果粉、蜜饯、糖浆等

续表

序号	名称	习性	观赏特性	食用价值
12	花椒	阳性，喜温暖气候，较耐寒	树高3～5m，枝有短刺，果期8～10月	花椒可用作中药，有温中行气、逐寒、止痛、杀虫等功效，但花椒吃多了会中毒，食用中要注意用量安全
13	桑树	阳性，适应性强，抗污染，耐水湿	树高3～10m，叶片表面鲜绿色，花期4～5月，果期5～8月	桑叶可疏散风热、清肺、明目；果实桑葚含有丰富的糖类和有机酸，具有调节免疫、促进造血细胞生长、抗诱变、抗衰老、降血糖、降血脂、护肝等保健作用
14	椰子	喜阳，年平均温度24～25℃，不耐寒	树高15～30m，叶羽状全裂，长3～4m，花果期主要在秋季	椰子未熟胚乳可作为水果食用，浆液可饮用，具有滋补、消暑、解渴的功效；成熟椰肉可榨油、加工糖果和糕点
15	玉兰	喜阳光，稍耐阴，有一定耐寒性，在-20℃条件下能安全越冬	树高5～10m，先花后叶，花型较大，直径10～16cm，花期3～4月	新鲜玉兰花可食用，可制作玉兰花茶、玉兰花粥、鱼汤等食品
16	樱桃	喜光，不耐寒，适合在土壤松散、不易积水的地区生长	常绿，树高2～6m，花期3～4月，白色，果期5～6月，果红色或黄色	樱桃果实的营养丰富，铁含量高，果肉肥厚而多汁，甜酸适度；樱桃是色、香、味、形俱佳的鲜果，除了鲜食外，还可以加工制作成樱桃酱、樱桃汁、樱桃罐头和果脯、露酒等
17	香椿	喜光、喜温、较耐湿	树高5～10m，花期6～8月，果期10～12月，嫩叶可食	香椿是民间喜采食的传统"树头菜"之一，也是时令名品，具有浓郁的芳香气味，幼芽嫩叶芳香可口，春季嫩芽梢枝可作蔬菜用
18	国槐	喜光而稍耐荫，能适应较冷气候，根深而发达，对土壤要求不严，耐干旱、瘠薄，能适应城市土壤板结等不良环境条件	树高10～25m，当年生枝绿色，树形饱满，枝叶茂密，绿荫如盖	槐花可食用，具有清热、凉血、止血等功效；果实（槐角）可入药，荚果可提取绿色染料

续表

序号	名称	习性	观赏特性	食用价值
19	刺槐	喜光，对气候条件适应能力强，既喜干燥、凉爽气候，又耐干旱、贫瘠	树高5～10m，花白色，具有芳香气味，花期4～5月，果期7～9月	刺槐花可食用，花性味微苦、凉，具有清热解毒、止血降压等功效，可以制作茶饮、槐花粥、槐花玉米团子等食品
20	石榴	喜温暖向阳的环境，耐旱、耐寒，也耐瘠薄，不耐涝和荫蔽。对土壤要求不严，但以排水良好的夹沙土栽培为宜	树高2～5m，枝顶常有尖锐长刺，花期5～6月，果期9～10月	石榴是一种浆果，其营养丰富，维生素C含量比苹果、梨高1～2倍，果皮可入药，果实可食用或压汁；石榴花也可使用，可制作石榴花粥或与肉炒食
21	龙眼	喜阳性树种，喜温暖湿润气候，能忍受短期霜冻	常绿，高10余米，花期2～3月，乳白色，果期5～8月	龙眼肉具有开胃健脾、补虚益智的功效，龙眼性温味甘，益心脾，补气血，具有良好的滋养补益作用

3.2.4.2　灌木类可食用植物

相比于乔木而言，灌木植株较低矮，无明显主干。适合置于乔木前，形成不同景观层次，适合修剪的品种可以形成绿篱，进行造型修剪等。常见的灌木类可食用植物见表3-2。

表3-2　常见的灌木类可食用植物

序号	名称	习性	观赏特性	食用价值
1	枸杞	喜光，喜冷凉气候，耐寒，抗旱能力较强，耐盐碱	高0.5～2m，淡紫色小花，红色浆果，花期6～7月，果期8～10月	枸杞是药食同源的营养保健型植物，嫩叶可作蔬菜，枸杞子可以加工成各种食品、饮料、保健品等
2	蓝莓	喜温暖气候，较耐高温，喜半日照和湿润环境	高0.5～3m，花期6～7月，果期8～9月，果深蓝色	蓝莓果实的味道酸甜可口，含有丰富的营养成分，具有防止脑神经老化、保护视力、强心、软化血管、增强人体免疫力的功能

续表

序号	名称	习性	观赏特性	食用价值
3	沙棘	喜光，耐寒，耐酷热，耐风沙及干旱气候，可以在盐碱化土地上生存	树高1～2.5m，花期4～5月，果期9～10月，果橙黄色或橘红色	沙棘的根、茎、叶、花、果、籽均可入药，特别是其果实含有丰富的营养物质和生物活性物质，且维生素含量高，享有"维生素C之王"的美称
4	金橘	喜光和温暖湿润，不耐积水	高3m以内，叶厚，花期3～5月，果期10～12月，果橙黄或橙红色	果实含有丰富的维生素C、金橘甙等成分，对维护心血管功能、防止血管硬化、高血压等疾病有一定的作用；作为食疗保健品，金橘蜜饯可以开胃，饮金橘汁能生津止渴
5	连翘	喜光，耐寒，耐干旱瘠薄，不择土壤，在中性、微酸或碱性土壤中均能正常生长	高可达3m，花期3～4月，黄色，果期7～9月	连翘具有清热解毒、消肿散结的功效，是中国临床常用的传统药材之一，籽实油含胶质，挥发性能好，是绝缘油漆工业和化妆品的良好原料
6	木槿	喜光，稍耐阴，喜温暖、湿润气候，耐热又耐寒，对土壤要求不严格	高1～3m，花粉色，花期7～10月	木槿树叶用来洗头发能止痒去屑，花可食用，花、果、根、叶和皮均可入药，具有防治病毒性疾病和降低胆固醇的作用
7	玫瑰	喜阳光充足，耐寒、耐旱，喜排水良好、疏松肥沃的壤土，应栽植于通风良好、离墙壁较远的地方，以防日光反射，灼伤花苞，影响开花	高1～5m，花色丰富，有白色、黄色，粉红色、红色等，具有芳香气味，花期5～7月	我国食用玫瑰有悠久历史，可制作玫瑰花酱、玫瑰花饼、玫瑰花酒，也可以提取精油
8	迎春	喜光，稍耐阴，略耐寒，怕涝，在华北地区可露地越冬	高0.5～2m，茎多呈匍匐状，花黄色，花期2～4月	迎春花可食用，具有清热利尿等功效，可煮粥、泡茶、炒菜等

续表

序号	名称	习性	观赏特性	食用价值
9	金银花	适应性很强，对土壤和气候的选择并不严格，以土层较厚的沙质壤土为最佳。山坡、梯田、地堰、堤坝、瘠薄的丘陵都可栽培	高0.5～2m，花冠白色，有时基部向阳面呈微红色，后变黄色，花期4～6月	金银花的花朵具有抗菌消炎作用，可制作金银花茶、金银花绿豆饮、金银花粥等
10	无花果	喜欢温暖湿润的气候，耐贫瘠和干燥，最好种植在土层深厚、疏松肥沃、排水良好的沙壤土中	高2～5m，植株多分枝，梨形果实成熟时为紫红色或黄色，果期6～10月	果实是一种高营养的水果，不仅可以食用，药用价值也很高，具有健胃清肠、消肿解毒的功效，主要用于食欲不振、咽喉肿痛、咳嗽多痰等症状
11	毛樱桃	喜温暖湿润、光照充足，栽种于保水力较强的沙土中	高1～3m，核果近球形，呈红色，花期4～5月，果期6～9月	毛樱桃果实性甘、味温，具有补中益气、健脾祛湿等功效，该种果实微酸甜，可食用及酿酒；种仁含油率达43%左右，可制肥皂及润滑油，也可入药

3.2.4.3 地被类可食用植物

地被植物是指那些株丛密集、低矮，经简单管理即可用于代替草坪覆盖在地表、防止水土流失，能吸附尘土、净化空气、减弱噪声、消除污染并具有一定观赏和经济价值的植物。它不仅包括多年生低矮草本植物，还包括一些适应性较强的低矮、匍匐型灌木，可以通过种植池、花坛等形式片植以形成景观。包括大部分蔬菜、粮食作物、香料作物及草药等。常见的地被类可食用植物见表3-3。

表3-3 常见的地被类可食用植物

序号	名称	习性	观赏特性	食用价值
1	黄花菜	耐寒，耐干旱，耐半阴；对土壤要求不严，沙土、黏土、平川、山地均可种植	春季萌发早，绿叶丛生美观，花黄色，鲜艳美丽	黄花菜有清热利尿、凉血止血的功效，黄花菜营养价值丰富，但黄花菜的鲜花含有多种生物碱，不宜多食，否则会引起腹泻等中毒现象

续表

序号	名称	习性	观赏特性	食用价值
2	苦苣	生长速度快,生活力强,耐瘠薄,不耐盐碱,耐阴不耐旱,喜潮湿而疏松的土壤	基生叶羽状深裂,叶形奇特,整体株形几近圆形,株形饱满	民间常将其作为野菜食用,同时也是一种传统民间中草药,具有清热解毒、消肿排脓、凉血化瘀、消食和胃等功效
3	草莓	喜温凉气候,为喜光植物,但又有较强的耐阴性	具有匍匐茎,即沿地平方向生长的茎,花白色,花期4~5月,果实鲜红色,具有较好的观赏价值	草莓浆果芳香多汁,营养丰富,素有"水果皇后"和"早春第一果"的美称
4	马铃薯	喜冷凉干燥气候,适应性较强,以疏松肥沃的沙质土为宜,生长期短而产量高	植株较高,花为白色或蓝紫色,花朵具有观赏价值	食用部分为其块茎,外皮白色、淡红色或紫色
5	胡萝卜	喜冷凉,喜充足日光,适宜于中性土种植	根粗壮,长圆锥形,呈橙红色或黄色;茎直立,高60~90cm,多分枝	胡萝卜中的胡萝卜素是维生素A的主要来源
6	樱桃萝卜	喜光,光照充足时生长良好,适应性强,易管理,因此非常适合家庭种植	肉质根圆形或椭圆形,颜色有红色、白色和上红色下白色三种,果实小巧圆润	属于药用保健蔬菜,果实皮鲜红而裹肉白,口感脆爽味鲜美
7	紫叶生菜	喜充足阳光,是半耐寒性的蔬菜,喜冷凉,忌高温	叶片紫色,边缘波状或有细锯齿,具有较好观赏价值	叶片中含有花青素,具备很强的抗氧化能力,其营养价值高于普通绿色蔬菜
8	蒜	适生于土壤疏松、排水良好、有机质丰富的沙壤土	叶宽条形至条状披针形,扁平、直立,叶形线条感极强	蒜具有缓解积食、杀菌灭虫的作用,花葶和鳞茎均可供蔬食
9	小白菜	长日照作物,有一定的耐弱光性,根系分布较浅,适于在疏松、肥沃、富含有机质、保水保肥能力强的壤土或沙壤土中栽培	叶片长椭圆形,展伏在地面上,绿色叶片给人以生命之感	营养价值非常高,除作为蔬菜供人们食用之外,还具有一定的药用功效

续表

序号	名称	习性	观赏特性	食用价值
10	油菜	喜阳植物,适合生长在深厚、疏松、透气的土壤中,不适合生长在低洼积水处	油菜进入开花季节时,田间一片金黄,油菜花花粉中含有丰富的花蜜,常引来彩蝶与蜜蜂飞舞花丛间	种子可以榨油或当作饲料用,嫩茎及叶也可以当作蔬菜食用
11	茼蒿	喜冷凉气候,耐寒力强,不耐高温,为长日性植物,生长速度快,对光照要求不高,适宜生长在肥沃、保水力强的沙壤土或黏壤土中	茎直立,高达1m,叶片淡绿色,边缘有不规则深齿裂,花朵黄色	茼蒿中含有丰富的维生素及多种氨基酸,有养心安神、降压补脑等功效
12	空心菜	喜温暖湿润,不耐寒,耐肥,耐连作,较耐贫瘠;对土壤条件要求不严格,适应性较强	茎圆中空,有节,无毛,叶片为三角状长椭圆形,植株较高	可入药,以嫩梢嫩叶供食,营养价值高,而且清淡、鲜爽
13	芥菜	适应性强,性喜冷凉、湿润,忌炎热、干旱,稍耐霜冻	植株绿色可人,生机勃勃	调味油料,种子磨粉称芥末,为调味料;榨出的油称芥子油
14	向日葵	耐寒,宜冷凉气候,耐旱,对土壤要求较低,在各类土壤中均能生长	花期7~9月,果期8~9月,花朵硕大美丽	全株可入药,具有祛风、平肝、清热利湿、解毒排脓等功效;籽可作为干果炒熟后食用
15	薄荷	喜温暖湿润、阳光充足的地方,多生于山野湿地,适应性强	花小淡紫色,株丛密集,具有薄荷特有的香气	薄荷具有药用和食用双重功能,主要食用部位为茎和叶,也可榨汁服用。在食用上,薄荷既可作为调味剂,又可作香料,还可配酒、冲茶等
16	留兰香	喜光照充足、温暖、湿润的环境,耐热耐寒,忌涝,喜微偏酸性沙壤土	花淡紫色,轮伞花序长4~10cm,花期7~9月,具匍匐茎	可提取留兰香油,嫩枝、叶常作调味香料食用

续表

序号	名称	习性	观赏特性	食用价值
17	香菜	耐寒性蔬菜，要求较冷凉湿润的环境条件，在高温干旱条件下生长不良	叶片1或2回羽状全裂，茎圆柱形，直立	茎叶作蔬菜和调香料，并有健胃消食作用；果实可提芳香油
18	紫苏	喜温暖、湿润环境，较耐高温，对土壤要求不高	花期8～11月，果期8～12月	紫苏拥有特有的活性物质和营养成分，可作药用、食用、油用、香料用等，经济价值较高，是一种多用途植物
19	迷迭香	喜欢阳光，也能在半阴的环境中生长，室内窗台是放置迷迭香的最佳场所	叶常在枝上丛生，叶片线形，花紫色	天然香料植物，生长季节会散发一种清香气味，有清心提神的功效，嫩枝提取的芳香油可用于调配空气清洁剂、香水、香皂等化妆品原料
20	地肤	喜温，喜光，耐干旱，不耐寒；适应性较强，对土壤要求不严格，较耐碱性土壤	叶片条状披针形，入秋泛红，枝叶秀丽，可进行造型修剪	幼苗及嫩茎叶可食
21	桔梗	喜温，喜光，耐干旱，不耐寒，适应性较强，对土壤要求不严格	高50～100cm，株形圆润，淡绿色，晚秋枝叶变红	地肤在中国各地均产，生长于荒野、空地、田边、路旁等处

3.2.4.4 爬藤类可食用植物

爬藤类植物具有攀缘性，可以与廊架、围栏、建筑立面空间相结合，开展立体绿化，包括蔬菜中的大部分瓜豆类作物，及部分水果等。常见爬藤类可食用植物见表3-4。

表3-4 常见爬藤类可食用植物

序号	名称	习性	观赏特性	食用价值
1	豌豆	喜光，耐寒耐旱，不耐热，宜在微酸性或中性土壤中种植，需要进行轮作倒茬，注意排水和除草	花白色或紫色，荚果肿胀，长椭圆形，花期6～7月，果期7～9月	鲜嫩的茎梢、豆荚、青豆是倍受欢迎的淡季蔬菜

续表

序号	名称	习性	观赏特性	食用价值
2	豇豆	短日性作物，喜强光，耐旱力较强，但不耐涝，应选择土壤肥沃、疏松的地区种植	羽状复叶具3小叶，荚果下垂，直立或斜展，线形，较长	豇豆果实提供了易于消化吸收的优质蛋白质、适量的碳水化合物，及多种维生素、微量元素等，可补充机体的营养元素
3	芸豆	喜温暖，不耐霜冻，耐旱	花冠白色、黄色、紫色或红色，花期6～7月，果期9月	果实色泽嫩绿，肉荚肥厚，味道鲜美，营养价值高
4	南瓜	喜温的短日照植物，耐旱性强，对土壤要求不严格	叶片卵圆形、硕大，花色一般为黄色或深橙色，瓠果形状多样，因品种而异	南瓜富含膳食纤维，可促进肠胃蠕动，帮助食物消化
5	蛇瓜	喜温，耐湿热，肉质根，根系发达	蛇瓜果型奇特，观赏性极强，为常见栽培的观果植物，常用于棚架、廊架栽培观赏	含有丰富的碳水化合物、维生素和矿物质，肉质松软，清暑解热，利尿降压，对人体健康十分有益，具有药用价值
6	丝瓜	短日照作物，喜较强阳光，喜湿，怕干旱	果实圆柱状，直或稍弯，长15～30cm	果为夏季蔬菜，成熟时里面的网状纤维称丝瓜络，可用来洗刷灶具及家具，还可供药用
7	黄瓜	喜温暖，不耐寒冷，喜潮湿，不耐旱，喜强光照，要求土层深厚，土质肥沃	茎蔓，叶片碧绿，花黄白色，果实长圆形或圆柱形，熟时绿色，花果期长，有一定观赏价值	黄瓜皮所含营养素丰富，可生吃，黄瓜中含有的葫芦素C具有提高人体免疫功能的作用
8	葫芦	喜欢温暖、避风的环境	葫芦花白色，皮嫩绿，果肉白色，果实的大小形状各不相同，有棒状、瓢状、海豚状、壶状等	果实可以在未成熟的时候收割作为蔬菜食用，可烧汤，可做菜，既能腌制，也能干晒
9	葡萄	喜温暖、干燥及通风良好的环境，喜好充足阳光，有一定程度的耐寒性，对土质要求不严，适生于疏松肥沃的沙质土	生长速度快，叶大，易于成荫，栽于廊架、门庭等处，果实有绿色、紫色、红色等	葡萄具有补气血、舒筋络、利小便的功效；它营养丰富、用途广泛，是果中佳品，既可鲜食又可酿制成葡萄酒，而且果实、根、叶皆可入药

续表

序号	名称	习性	观赏特性	食用价值
10	软枣猕猴桃	喜凉爽、湿润的气候，常生长在山沟、溪流旁，多攀缘在阔叶树上	果实长圆形、绿色，成熟时绿黄色或紫红色，是良好的棚架材料，蔓缠绕盘曲，枝叶浓密，花美且芳香	果实营养丰富，含有20多种氨基酸和多种维生素，特别是维生素C含量是其他水果的几十倍，既可生食，也可制果酱、蜜饯、罐头、酿酒等
11	紫藤	对气候和土壤的适应性强，较耐寒，能耐水湿及瘠薄土壤，喜光，较耐阴，以向阳背风的地方栽培最适宜	作为观花绿荫藤本植物，初夏时紫穗悬垂，花繁而香，盛暑时则浓叶满架，一般应用于园林棚架、湖畔、池边、假山、石坊等处	紫藤花可提炼芳香油，并有解毒、止吐止泻等功效，可制作紫藤糕点、紫藤粥等食品

3.2.4.5 水生类可食用植物

能在水中生长的植物统称为水生植物。水生植物不但具有良好的观赏价值，同时大部分水生植物对于水体都有一定净化功能，对于构建良好的可食景观中水体的生态环境具有积极作用。常见的水生类可食用植物见表3-5。

表3-5 常见的水生类可食用植物

序号	名称	习性	观赏特性	食用价值
1	荷花	喜温暖、湿润气候和全光照，喜肥，喜相对稳定的静水，不喜涨落悬殊的流水	中国十大名花之一，花大色艳，清香远溢，凌波翠盖，既可广植于湖泊，蔚为壮观，又能盆栽瓶插，别有情趣	莲叶、莲花、莲子、莲藕等均可食用，并可以入药
2	睡莲	喜阳光充足、温暖潮湿、通风良好的环境；耐寒睡莲能耐-20℃的低温	花大、美丽，浮在或高出水面，睡莲花可制作鲜切花或干花	根状茎含淀粉，供食用或酿酒，可以入药
3	芡实	喜温暖、阳光充足的地方，既不耐寒也不耐旱	花朵紫红色，叶片较大，后生叶浮于水面，上面深绿色，多皱褶，下面深紫色	芡实种子含有大量不饱和脂肪亚麻酸，具有很高的营养价值

续表

序号	名称	习性	观赏特性	食用价值
4	香蒲	喜强光照，喜温暖，不耐寒，耐湿，不耐肥，不择土壤	一般成丛、成片生长在潮湿多水环境，香蒲的肉穗花序奇特可爱，根系发达，利于水体净化。香蒲与其他一些野生水生植物还可用在模拟大自然的溪涧、喷泉、跌水、瀑布等园林水景中，使景观野趣横生	全株是造纸的好原料，花粉入药称蒲黄，嫩芽称蒲菜，其味鲜美，可食用，是有名的水生蔬菜
5	水葫芦	喜温暖和阳光，畏寒冷，在水温18～22℃，水深30cm左右时生长最好，长势凶猛，应注意控制	浮水植物或生于泥沼中，穗状花序淡紫色，花朵具有良好观赏价值	嫩叶及叶柄可作蔬菜，全株也可供药用，有清凉解毒、除湿祛风热等功效
6	菱角	喜温暖、湿润、阳光充足的环境，喜泥深、肥沃的土壤，水深1～2m适宜生长	果实为弯牛角形，果壳坚硬，幼时紫红色，老熟时为紫黑色	嫩果可生食，作水果食用，做菜老嫩皆可煮食，并可加工做成菱粉
7	莼菜	适应性强，喜温暖和阳光充足、水质清洁的深水环境，具有一定的耐寒性	叶二型，浮水叶为盾状，漂浮于水面，叶片小巧	茎叶含有丰富的胶质，兼具药用及食用价值
8	茭白	喜温性植物，生长适温为10～25℃，不耐寒冷和高温干旱，根系发达，需水量多	茎秆高大直立，高1～2m，叶片扁平宽大	以肥嫩的肉质茎供食，其营养丰富，不仅含有丰富的膳食纤维，还能够提供多种氨基酸
9	慈姑	喜温暖而日照多的气候，抗风、耐寒力极弱	花一般为白色，花期8～10月，叶具长柄，戟形，花与叶具有良好观赏价值	慈姑球茎可入药。具有凉血止血、止咳通淋、散结解毒、和胃厚肠等功效，肉微黄白色，质细腻、甘甜、酥软，味微苦，可炒，可烩，可煮

第4章　可食景观与公共健康

4.1 关于公共健康的思考

健康是人生的第一财富，也是人的基本权利。传统的健康观是"无病即健康"，而当代人的健康观是整体健康。世界卫生组织给出了解释：健康不仅指一个人身体没有出现疾病或虚弱现象，还是指一个人生理上、心理上和社会上的完好状态。把人的健康从单纯生物学的意义上升到了心理和社会关系的多重内涵。当代人的健康内容包括躯体健康、心理健康、社会适应良好和道德健康。

公共健康是以预防疾病、保护全民健康、延长公众寿命为研究目的的科学，与一般健康相比，公共健康强调群体性健康，以预防为主。公共健康一直都是人类发展的重要议题，人们往往把目光放在医学界。近几年，随着医学的发展与进步，人类的各类疾病得到了更多的关注和改善，但是整体公共健康状况仍存在很多亟待解决的问题。人们逐渐意识到自然环境、园林景观对于公共健康的重要作用。从公共健康的角度来看，健康已不再仅仅与个体本身有关，同时与社会的平等、和谐息息相关。

城镇化是现代化的必由之路，在城镇化的过程中，人们也经历着与真实自然的割裂。改革开放以来，中国经历了世界上规模最大、速度最快的城镇化进程。常住人口城镇化率1978年为17.92%，2022年为65.2%，40多年提升超47个百分点。与此同时，城市居民的慢性病如心脑血管疾病、糖尿病、肥胖以及心理疾病的发病率迅速上升。除遗传、生活方式的改变外，快速城市化所带来的城市建成环境改变也是一个重要原因。

《中国居民营养与慢性病状况报告（2020年）》显示，我国6～17岁儿童青少年的超重肥胖率高达19%，而6岁以下的儿童超重肥胖率则为10.4%。而膳食结构的改变、身体活动的减少以及不健康饮食行为都会增加肥胖的风险。

随着工业化食品的大规模生产，农药、化肥、防腐剂、食品添加剂等的使用，绿色健康的食物成为一种奢侈品。

4.2　可食景观对公共健康的效用

4.2.1　生理健康

可食景观设计将食物重新引入城市，使居民和当地的区域性食物体验结合，最终推动可持续的健康生活方式。可食景观多位于户外空间，无论在自然条件良好的乡村，还是城市的绿色开放空间中都通过提供休闲、观赏及相关园艺操作场地鼓励人们走到室外参与锻炼及交流，从而降低部分疾病的患病风险。2010年，丹麦一项国家普查利用GIS来对比绿色开放空间分布与慢性病发病率，结果发现，绿色开放空间分布越密集的地区，居民患心脑血管疾病以及2型糖尿病的概率越小。绿色开放空间可以影响人的体重指数（BMI），有规律地接触绿色开放空间可以减少超重、肥胖率及与肥胖相关的疾病风险。参与户外活动可以更好地接受阳光照射。由于可食景观鼓励公众参与其中的相关园艺活动，人们不再作为观赏者存在，而是有更多停留户外的时间，因此增加了更多的阳光照射的时长。阳光不仅提供维生素D，也是天然"保健药"。晒太阳会使人体产生一系列生理变化，比如加快血液循环、促进维生素D的生成及钙质吸收、预防骨质疏松、杀死多种病毒和细菌等。研究发现，缺乏维生素D会增加皮肤癌的患病风险，它的摄入可以减少老年人代谢综合征和老年痴呆症的发生，也可以提高身体免疫力，参加户外园艺活动可以在操作的同时获取足够多的维生素D。

当前的儿童也是缺乏户外活动的主要群体。有研究指出，缺乏阳光照射可能是导致近视的原因之一。阳光可以刺激多巴胺的生成，而多巴胺可帮助避免眼轴变长，进而防止进入眼睛的光线在聚焦时出现焦点扭曲，多参与户外活动可以降低近视风险。

可食景观通过生态的种植方式，为人们提供健康的绿色食物。蔬菜、农作物等的种植需要遵循节气及环境变化，适时而作，生产出来都是当季的新鲜食物，通过这样的食物获得形式可以培养人们的健康饮食习惯。

在可食景观营造过程中需要参与者进行一定量的园艺劳作。园艺是一项很好的休闲运动，包括拖曳覆盖材料、翻动堆肥。挖洞或扫除落叶需要牵动整个身体，活动涉及弯曲、抬起、伸手、拉伸等动作，可以很好地伸展并增强肌肉，加强骨骼并扩展柔韧性。还可以消耗热量、促进血液循环、减轻体重。英国的Horatio花园，是位于索尔兹伯里区医院的康沃尔公爵脊柱治疗中心的花园。该中心为整个英格兰南部的患者提供服务。在花园中可以看到一系列低矮的石灰石墙壁，听到潺潺的水声和鸟儿的鸣叫，花园中种植了23棵树，还有很多草本植物、多年生植物，通过自然的设计手法为患者营造积极的疗愈环境。花园中种植了许多可食用植物，为患者提供多样化的园艺体验，无论是坐着轮椅还是躺在床上，都可以到花园来享受一番美好。丰富多彩的活动设置，让患者找到自我价值的存在（图4-1）。

4.2.2　心理健康

随着现代社会环境的改变，目前我国亚健康人群和慢性病患者急剧增加。世界卫生组织的一份报告显示，世界上近25%的疾病是由环境因素引起的。现代城市生活环境与快速的生活节奏导致社会凝聚力和互

图4-1 Horatio花园中的植物体验

动性下降。可食景观除了具备景观环境共性的舒缓压力、放松心情、提供绿色自然空间的功能，还具有更多的心理疗愈功能。人们置身于花园中，呼吸新鲜的空气，欣赏绿色的植物，品尝劳动的果实，享受阳光和清风，建立与自然的连接，就能让思想和身体同时减压，使人们的身体重新焕发活力。

当下，在物质生活极大得到满足的时代，人们逐渐将目光放在了精神文明的建设上，景观设计也经历了从单极生理愉悦到生理、精神、社会互动和归属感的多维度探索，从消极被动治疗到积极主动预防，从注重康复的庭院花园到关注过程的城市公共空间等阶段。康复性景观应运而生，通过一定方法或手段使身心恢复或保持健康状况。景观类型包括疗愈花园、疗养花园、体验花园、复健花园、冥想花园、园艺疗法和治疗性景观等，适用人群包括心理健康问题患者与广大亚健康以及健康人士。在康复性景观中，各类植物起到了良好的身体及心理疗愈作用，具有食用功能的植物在其中扮演着重要的角色。一些修枝、采摘、除草、浇水等园艺工作，以及与植物互动中产生的嗅觉或触觉感官，使人们的头脑彻底放松，并专注于一件事情，甚至在自动模式中就能完成，这使人们专注于当下而不是追忆过去或担心未来。园艺的镇静和修复作用已变得非常重要，以至于将园艺疗法作为一项专门的治疗方式引入医院、疗养院等机构中。

4.2.3　社会健康

社会健康也称社会适应性，是个体与他人和外界社会关系的健康状态，是个体与他人及社会环境相互作用并具有良好人际关系和实现社会角色的能力。有此能力的个体在交往中有自信感和安全感，它反映了个人适应外界的能力。个体社会健康之前一直被卫生及医学领域所忽视，随着西方精神类疾病及老龄人口比重的增加，个体是否有良好的社会关系及社会适应能力，对人的综合健康有重要影响。可食景观环境具有良好的包容性和适应性，有利于增加社会联系及社会接触，提高社会资本。

以日常人们熟悉的各类食用性植物材料为载体，通过景观营造的方式增进人与人之间的交流与互动，个体可以更加容易地从社会网络中得到信任与支持，克服个人无法独自解决的困难，产生一系列积极的健康作用，如促进养成健康的生活习惯、减少孤独感、加快疾病的恢复速度，提供更多的交流机会等，从而构建健康的社会人际关系。

4.2.4　食物与环境健康

与购买的果蔬相比，自己种植的食物可以做到绿色种植，即使不能达到完全有机，但仍能提供更好的风味和更全面的营养。

大多数商业种植者是根据食物的产量、运输、抗病虫害能力来选择种植品种，而不是根据风味和营养来选择。在运输过程中，许多常规食品的营养素及口味会发生损耗。本地生产的食物比远距离供应的食物更新鲜，甚至从地里到餐桌只需要几十分钟时间，因此食用它们更有益身体的健康。

4.3　可食景观对于改善公共健康的设计探索

4.3.1　加强视觉接触，鼓励主动参与

为了更好地通过可食景观营造提升公众健康水平，需要让人们从"看到"开始，让公众能够真实感受到可食景观的"样貌"。视觉联系是可食景观最基本的健康作用，根据环境心理学理论，看到植物或自然景观，甚至是自然的图片，也可以起到促进健康的作用。

设计中除了考虑可食景观与周围环境相呼应，还要明确其主要观视面及视觉焦点。可以通过开辟视觉廊道、景观轴线引导等方式将景观进行串联，同时引导外界公众积极参与，减少视觉通廊上高大乔木、围墙、建筑的遮挡，防止其阻隔外部视线进入可食景观内部。

设计中要考虑公众参与能动性的调动，人们有目的、积极地参与到相关可食景观互动中才能最大限度地发挥其提升公众健康的价值。根据不同类型的可食景观，开展有针对性、有特色的活动设计，让景观不再成为花瓶式的观赏品。

4.3.2　注重环境友好，发展生态种植

在可食景观营造中可以减少或者杜绝农药、化肥、杀虫剂等的使用，做到环境友好，减少食物农残风险，同时降低对土壤、河流、地下水等的污染。生态种植是一个生态经济复合系统，应该将种植生态系统同种植经济系统综合统一起来，以取得最大的生态经济整体效益。在设

计中可以考虑鱼菜共生、微生物技术、轮作制等。

4.3.3　发挥植物环境价值，调动多感官体验

可食景观作为一种以可食用植物为设计对象的景观设计形式，植物在其中发挥着重要作用。植物不仅能够提供生态产品，也能够对环境起到直接的改善作用。绿色空间对改善城市小气候和减少污染具有积极作用，尤其对于城市居民而言，相较于乡村居民其居住环境中缺乏自然元素，长时间处于高密度的建筑、交通空间，健康状况容易受到影响，绿色空间的应用价值更为凸显。绿色植物能够改善空气条件，包括释放氧气、吸收污染物、增加空气负离子浓度、抑菌杀毒、去除异味等作用。植物能够通过光合作用为城市生命提供氧气，吸收二氧化碳，还能吸收空气中的污染物和颗粒物，以及部分氮氧化物、二氧化硫、一氧化碳、臭氧和直径小于10μm的颗粒。植物还能够减少城市中心区的热岛效应，提升热舒适度，减少热应激带来的身体伤害。植物通过蒸腾作用影响环境的湿度与温度，改善环境热舒适性。人们可以通过经常与绿化景观接触来释放压力和紧张情绪，减轻负面情绪，并获得轻松愉快的精神状态。

在可食景观设计中应注重植物景观营造，充分调动人体视觉、听觉、触觉、嗅觉、味觉与植物景观的互动。运用可食景观中不同于其他园林植物材料的丰富色彩、气味、触感、味道等来进行空间处理。如美国俄勒冈烧伤中心花园，作为美国著名的具有代表性的康复花园，它通过对医院旧庭院的改造和设计，营造出了一个温馨而又具有私密性的户外空间。花园植物品种多样，将可食用植物与传统观赏性景观植物完美地搭配在了一起，植物设计上注重烧伤病人需要的荫蔽效果与景观季相变化，并借助可食用景观植物开展园艺治疗。植物种植分为8个主题花园，包括太平洋西北区乡土花园、多年生花园、高山植物花园、阳光花园、庭荫花园、色彩纹理花园、芳香园以及可食用植物花园（图4-2、图4-3）。

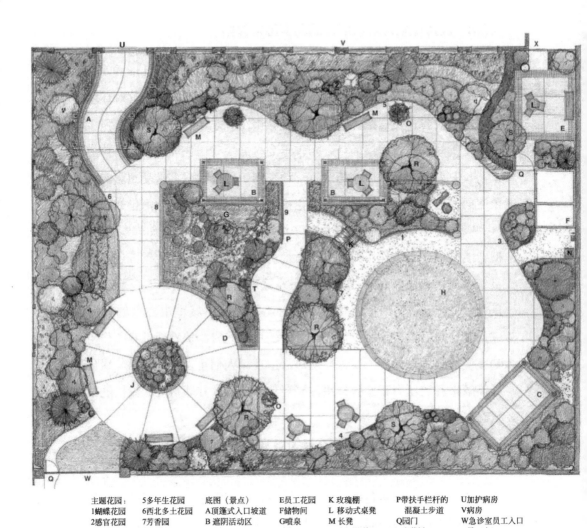

主题花园：	5多年生花园	底图（景点）	E员工花园	K玫瑰棚	P带扶手栏杆的	U加护病房
1蝴蝶花园	6西北多土花园	A顶篷式入口坡道	F储物间	L 移动式桌凳	混凝土步道	V病房
2感官花园	7芳香园	B 遮阴活动区	G喷泉	M 长凳	Q园门	W急诊室员工入口
3果园	8岩石园	C凉亭	H草坪	N 堆肥器（箱）	R庭荫树	X员工出口
4庭荫花园	9热带花园	D集体活动区	J鸟浴盆	O 抬升式的蔬菜	S观花小乔木	
				及草莓种植槽	T石墙	

图4-2 俄勒冈烧伤中心花园平面图

图4-3　俄勒冈烧伤中心花园鸟瞰（见彩图）

　　然而需要注意的是，并非所有植物都是有益人体健康的，对于有毒植物、引虫类植物、有刺类植物、易成为过敏源的植物，应当慎重选用，避免与人体过多接触。

第5章　可食景观与学校教育

5.1　可食景观运用于学校中的价值

随着教育行业的快速发展，校园景观规划已成为学校教育中的重要部分，每一个校园中的场景都应该成为教育的一部分，积极引导学生"以万物为师，以自然为友"。校园不仅是学生读书的场所，也是独一无二记忆的凝聚体，在每一个人感知最敏锐的阶段，塑造了生命中最刻骨铭心的片段，对学生的精神世界起到重要作用。优秀的校园景观需要营造春风化雨、润物无声的育人环境和氛围，使学生获得文化的熏陶、审美的陶冶、情志的感化、行为的养成。

"自然缺失症"（nature-deficit disorder）这个说法是由美国作家理查德·洛夫在其所著的《林间最后的小孩》一书中提出的，指出现代社会，在世界范围内，孩子和大自然普遍缺乏联系。"自然缺失症"并非医学诊断标准，而是指现在的孩子缺少与大自然亲近的机会。如今的孩子到户外、空旷的乡间活动的时间越来越少，可供玩耍的场地减少，电子产品日益盛行。即使参与一些体育活动，很有可能也是有人组织并且在家长的看护下进行的。需要让孩子们接受正规的自然教育，促进孩子释放天性，激发自身潜能，独立自由发展，培养遵循自然规律的健康心智，促进孩子个性化的成长。

可食景观作为具有可食用性的地面景观，不是简单的传统耕种，而是将供人们食用的果蔬、农作物等用景观化的方式去设计，让农业生产与景观设计相结合，让可食用的植物富有美感和生态价值。学生在参与可食景观营造的过程中可以增加其与自然的联系，尤其在校园环境中可以让学生们在繁忙的学习中找到放松的场所，体验劳动的快乐，感受收获的满足。同时，可食景观承载着人们对传统农业生产活动的向往，表达了人们对自然的尊重、崇尚和敬畏之情，可以满足学生行走在田间地头、体验农耕细作等园艺活动的意愿。将可食景观应用于校园环境之中不但能够很好地打造身边的农业教育微环境，改善劳动教育、美育教育情境，还可以提升校园景观的个性与多样性。

5.1.1 观赏和参与价值

目前，校园景观设计中具有一定趋同化现象，多遵循城市公共景观空间的设计原则与方式，运用较为成熟的景观设计元素装点校园环境。植物景观的设计普遍表现形式较为单一，较少考虑校园自身环境特色的彰显及参与者本身情感层面的精神需求。景观成为一种拒人千里之外的"观赏品"，缺少参与互动性。相较之下，可食景观引入农业中的自然元素，更能拉近人与人、人与自然之间的距离，激发观赏者与景观环境进行深层交流，达到身心平和的状态。

可食景观作为校园绿化的组成部分，可以丰富校园植物群落类型，提高校园绿化的参与性。充分调动学生的校园主人翁意识，通过学校合理、科学的组织与安排，学生们参与到校园可食景观的设计、种植、收获乃至管理之中，让学生在感知美的同时发挥想象力创造美，用自己的双手去营造美。可食用植物具备不同的景观属性，其以色彩、气味、造型等为学生提供多感官体验，容易激发人体对植物细微生长变化的好奇心，能够提高学生室外学习交往的参与度。生产的蔬果等可以为学生带来幸福感和收获感，让学生真实感受到劳动后的美好，激发后续参与的积极性。

5.1.2　教育与科普价值

人们的生活离不开食物，更离不开传统农业，我国最古老的园林就起源于房前屋后的果木蔬圃。但是，随着城市化进程的不断推进，人们的生活越来越远离农业生产及乡村景观。当代学生的生活中普遍脱离真实的农业耕种环境，很少有机会参与户外农耕活动，有的甚至缺乏基础的农耕知识。久而久之，传统的农耕活动会越来越远离他们的生活，使得与养育我们的大地失去了最亲密的接触机会。将农业与园林景观之间无缝衔接的最佳载体——可食景观引入校园中，可以很好地展现农业之美，同时鼓励学生参与农耕活动，无形中提升了学生对传统农业的热情，以实际行动传承传统农耕文明。

可食景观对于学生来说是得天独厚的天然课堂，不但为师生们提供了可以近距离接触、体验农业劳动的机会，而且能够增强学生对农业知识的认识与实践，缓解繁重的学习压力。让学生在劳动过程中领悟到"粒粒皆辛苦"的道理，提升了校园环境精神内涵，具有良好的实验与教育意义。可食景观除了具备基本的食用与观赏意义外，还带有较强的生产、实验及科教特性。花卉、蔬菜等均属于较"接地气"的农产品，适合进行园艺美学、植物生理学、设计学等方面的知识科普。

可食景观注重植物生长的过程之美，能更好地为学生们展示植物从萌芽到成熟收获的整个自然生长过程与意义，并引发其对于生命循环、自然轮回方面更深层的思考。

5.1.3　经济与生态价值

校园绿地作为附属绿地，是专属于学校使用的绿地，不仅是独立于城市的封闭系统，也是城市绿地资源的一部分。校园绿地利用可食景观设计能有效提高生态资源的利用率，并从中获得最适当的综合效益。与一般城市绿地相比，其建设和维护成本较低，既美观又实用，既可从中产生一定的经济价值，最大化地利用绿色空间的生态和环境，又能满足合理的物质需求。可食景观生产出来的食物可以为师生提供一定量的绿色食材，减少食材采购成本。

5.2 可食景观在学校中的发展现状

可食景观在美国、英国、澳大利亚等国家的校园环境中已经得到一定的应用，在美化校园、提高学生动手能力及社交能力方面发挥了积极的作用。如美国南卡罗莱纳州查尔斯顿医科大学的城市农场（图5-1、图5-2），它正作为推进健康饮食理论的生物教室发挥作用，并同时服务于大学社区和更广大的查尔斯顿公共地区。除了作为教学工具外，该花园还能为查尔斯顿医科大学的咖啡馆提供原料。面对澳大利亚儿童罹患肥胖症或者糖尿病比例居高不下的现状，澳大利亚的食农小学计划应运而生。该计划发展社区内学校的永续食农教育，引导孩子参与种植和烹饪，让孩子们了解如何健康饮食。

图5-1 南卡罗莱纳州查尔斯顿医科大学的城市农场

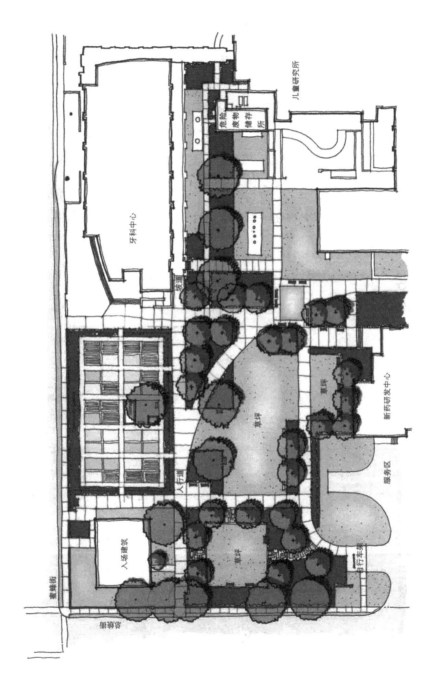

图5-2 南卡罗莱纳州查尔斯顿医科大学城市农场平面图

在我国，可食用景观的研究主要集中于社区、庭院及乡村等，绝大多数可食景观仍采用传统的农业管理方式，没有详细规划种植结构、细化相关指标、规范园艺操作等。未运用科学的养护管理模式进行精细化管理，养护的好坏完全取决于所有者及管理者的经验。可食景观在校园中的应用尚未推广，缺乏相应的理论支撑。但是，国内许多学校已经开始在校园中通过可食景观建设开展相应的教育活动，并取得了较好的社会效益。如武汉大学的樱花园（图5-3）、沈阳建筑大学的稻田景观（图5-4）、浙江工商大学的向日葵花田（图5-5）、四川美术学院的油菜花田（图5-6）、武汉马房山中学的校园农场（图5-7）、河北衡水中学的开心农场（图5-8）等。

图5-3　武汉大学樱花园

图5-4　沈阳建筑大学稻田景观

图5-5　浙江工商大学向日葵花田

图5-6　四川美术学院油菜花田

图5-7　武汉马房山中学校园农场

图 5-8 河北衡水中学开心农场

随着我国食品安全、生态保护意识的不断加强,"绿水青山就是金山银山"的理念不断深入发展,可食景观的发展将会出现新的转变。将绿色、生态、环保的可食景观引入校园,并思考如何形成模式化,如何建立创新管理机制,让景观与农业更好地融合将成为新的研究方向。

5.3 校园可食景观设计策略

5.3.1 满足校园园林绿地功能

校园中的园林绿地能为校园增添无尽的色彩和意境,为师生提供清新的空气、优美的自然氛围和活动场地。可食景观作为校园园林绿地的一部分,应该与校园原有绿化空间相互结合。校园绿化中可以将废弃地、土壤裸露地面、绿化环境不良空间等改造为可食景观区域,通过种植适宜的植物材料增加校园绿地空间,将失去使用价值的空间重新激活。也可以考虑在校园绿地中结合已有的乔木、灌木、花卉等植物材料,穿插适宜的位置进行可食用植物种植,让园林植物与可食用植物共同发挥绿地价值。

5.3.2 结合课程内容开展设计工作

可食景观应用于学校中最重要的价值在于其教育价值，所以在设计中应考虑与有关课程教学内容相结合。幼儿园及小学阶段可以与自然观察、科学研究类课程相结合；中学阶段可以与生物、历史等课程相结合；大学阶段可以根据不同专业设置开展具有较强针对性的课程结合，如园艺、农学等农业类专业可以结合蔬菜、果蔬等专业课程，其他专业可以将可食景观与劳动教育及思政课程等内容结合；开设环境设计、园林等专业的高校可以将可食景观作为新类型城市绿地实验基地。

在设计中要结合不同课程的教学要求、教学目标、教学时段、参与人数等内容开展，更好地达到校园可食景观的教育教学目标。设计中多选择阳光充足的场地，让学生们在参与中可以增强体质，更深刻地理解"锄禾日当午，汗滴禾下土"的道理。场地内设计步行友好的交通系统，营造能够满足日常观察、现场教学、户外讨论、园艺操作的合理空间。

5.3.3 优化可食景观建设空间

由于校园中存在教学楼、宿舍、体育场、图书馆等建筑，以及校园内部不同使用性质的道路系统，校园中可用于可食景观的空间往往被切割后形成碎片，空间面积大小不一，因此需要优化景观建设空间，建设可向"横－纵－垂"多向发展的可食景观。同时，提高不同可食景观区域的连通性，做到区域内空间的串联，并提高其与周围环境及生态系统的融合度。充分利用植物软化硬质空间，并适当在种植区周围增设休息区、户外阅读区及户外就餐区等多样化的体验空间，增加环境氛围感与亲切感。

纵向上将不同高度的可食用植物与景观植物相结合，创造丰富的层次感，如将低矮的植物（叶菜类）布置在种植区外围，将较高的植物

（如灌木类）依次向内布置。视觉上形成由高到低的层次感，使植物在充分享有生长空间的同时不相互遮挡，更容易跟踪植物生长状况。也可以根据实际情况，通过精心设计布置具有前后遮挡关系的景观环境。

垂直空间上可以利用廊架、棚架、支杆等辅助植物攀爬，节约地面种植空间，美化建筑外立面，充分利用土地上方空间，发展立体种植。

对于校园其他空间也可以根据实际情况考虑可食景观种植。地下室空间可以进行食用菌的种植与培育，打造食用菌可食花园；屋顶空间建设可食用屋顶花园，运用覆土种植、种植槽种植、水培种植等方式进行种植，对荷载、排水、防水等技术问题要给予充分考虑；对于教室、实验室、办公室等室内空间也可以开展小型可食景观营造，选取适应室内环境的小型可食用植物进行种植，如香草类、生菜等清洗后可直接食用的植物。

5.3.4 关注不同年龄段学生的特点

针对不同年龄段、教育阶段的学生设计前需要开展相关的研究，包括性格特点、劳动能力、身体特点、知识结构、课程体系等。对不同类型的学校开展有针对性的设计，从场地选址、分区设计到植物品种选择等切身考虑学生的劳作需求。不同教育阶段学生特点及可食景观设计策略见表5-1。

表5-1 不同教育阶段学生特点及可食景观设计策略

教育阶段	学生特点	可食景观设计策略
幼儿园	年龄多为3～6岁，处于教育启蒙阶段，自理能力较差，需要教师进行细心照料。对身边事物抱有极大的好奇心，通过模仿进行	① 注意设施尺度的人性化设计，满足该年龄段孩子的身高及操作需要 ② 注重植物品种选择的安全性，建议选择可生食蔬菜及低矮瓜果类植物，避免孩子误食引发安全问题 ③ 选择色彩丰富的植物材料，如紫叶油菜、樱桃萝卜、草莓等，并配以一定量观赏花卉，打造色彩丰富的可食花园，主要进行相关植物认知学习

续表

教育阶段	学生特点	可食景观设计策略
幼儿园	学习，对色彩具有较好的敏感度，不易形成团队意识，行为易受情绪支配，劳动操作能力弱	④ 场地设计进行分区，满足不同班级的独立化操作需要，活动及田间课程设计要具有趣味性、参与性，便于教师管理，符合幼儿阶段心理及活动能力特点 ⑤ 场地位置宜选择南向空间，活动过程中能够提供足够的日照
小学	年龄多为7～12岁，能够较精确地感知事物的各部分，并能发现事物的主要特征及事物各部分间的相互关系，创造力及想象能力开始发展。情感丰富，情绪逐渐稳定，身体生长发育进入关键阶段，精力旺盛、活泼好动，具有基本的计算及文字书写能力，具有一定团队协作能力，具有基础的劳动操作能力，可以从事基本的园艺劳动	① 可食景观设计要与校园整体环境相协调，发挥校园绿地生态价值 ② 注重参与式设计空间营造，调动学生主动参与意识，由教师辅助开展前期场地研究与方案设计工作 ③ 设计中有意识地融入农耕文化、健康饮食、生态保护等相关内容，注重美育教育 ④ 植物品种的选择在注重安全性的同时，加强植物认知及种植体验环节设计 ⑤ 功能区设计合理，于可食景观区域内开辟可供现场教学、讨论、休憩等空间，设计专门园艺操作及课程工具储存区 ⑥ 场地选址要便于日常照料及管理
中学	年龄多为13～18岁，即将面临高考，该阶段学业压力较大，课余时间较少。思维的独立性与批判性显著发展，具有强烈的求知欲和探索精神，兴趣广泛、思维活跃、敏感。	① 设计中发挥学生的参与性，引导学生开展前期调研、方案设计、农耕操作等工作 ② 场地选址要具有较为独立的空间，可以开展一定的科学研究，如堆肥、育苗、无土栽培等，且便于日常师生前往观察和记录 ③ 场地选址可以不局限于已有绿地空间，引导学生发现校园存在问题，运用可食景观进行调整与改善，如校园低洼积水处、废弃的杂物堆放空间、荒废的边角地带等 ④ 植物品种选择结合地域特色，加强校园植物多样性建设，果树、粮食作物、蔬菜、瓜果、中草药等都可以融入中学可食景观设计

续表

教育阶段	学生特点	可食景观设计策略
中学	具有良好的团队意识及丰富的学科知识储备，能够从事复杂的园艺操作	⑤ 设计中预留户外教学与研究空间，加强与生物、物理、化学等学科的联系，让可食景观成为学生的校园实验基地
大学	年龄多为19～25岁，具有良好的自学能力、创新意识和责任感。在某一领域具有良好的专业知识与技能，具有良好的科学研究能力。注重人际关系和自我实现，喜好多元文化和潮流趋势，追求自我成长和发展，能够进行各类园艺操作	① 大学校园绿化用地面积较大，在可食景观设计中应注重景观效果的整体性，可考虑同类作物的大面积种植，如稻田、向日葵花海、郁金香花田等 ② 在设计中融入劳动教育及思政教育内容，让学生在参与可食景观过程中得到思想的浸润 ③ 根据不同地块位置、责任单位等进行分类设计，可与专业性质、人才培养方案、科研课题等进行结合，让可食景观成为校外实验场、休闲花园、交流天地等 ④ 设计中需要增加可食景观趣味性，仅仅模拟单纯的传统农耕形态不易引起大学生们的关注和加入，需要增加符合当前大学生心理及文化需求的景观元素，提升可食景观的现代感
老年大学	年龄多为60～80岁，体质上有逐渐衰退趋势，生理机能减退和组织器官衰老，容易罹患多种慢性病。思维推理能力下降。由于生理老化、社会角色改变、社会交往减少以及心理变化等主客观原因，老年人经常会产生消极情绪体验和反应，如紧张害怕、孤独寂寞、无用失落以及抑郁焦虑等。园艺操作能力下降，但具有较好的生活经验积累	① 可食景观更关注老年人的参与性，会产生一定量的劳动操作，需要增加无障碍设计，为不同身体行动能力的老年人提供公平的参与机会，如轮椅人群、视听力障碍人群等 ② 场地选址宜位于建筑南侧，阳光充足区域，同时场地内不宜存在高差变化，减少台阶的使用 ③ 植物的选择上避免有刺和有刺激性气味的品种，采用高抬种植床，减少弯腰操作负担 ④ 增加道路宽度，设置更多的休息与交流空间，避免使用未经防滑处理的硬质铺装 ⑤ 老人具有丰富的人生阅历和种植经验，设计中可以多做留白处理，提供更多分区清晰的种植场地，让老年人充分发挥自身设计及种植能力

5.3.5 注重可食景观的趣味性打造

可食景观以农作物作为主要植物材料，这就需要根据不同农作物的耕作周期进行设计把控与管理。可选取一年生、二年生、多年生几种类型的造景植物搭配种植。原则上相邻地块选用不同生长周期的植物，更能凸显其色彩、质感、肌理、品种等方面的差异性，发掘相邻地块之间更多的发展可能性。设计中要注重可食景观的趣味性打造，可以在一定区域内再现传统农耕形式，成行成列地栽种各类农作物，让学生能够真实感受农业氛围。但是，由于校园内可食景观面积不如乡村农业场地广大，无法形成规模效益，不能给人以特别震撼的广阔审美效果。在设计中增加多样化的种植形式，如一米菜园、螺旋花园、锁孔花园等。避免学生在参与可食景观营建的过程中仅仅是单纯地进行体力劳动，要通过精心的设计、多样化的活动、特色的景观体验等引领学生开展相关科学研究、自然探索、劳动教育、美育教育、食育教育等，让可食景观成为学生们的户外课堂、户外减压站、户外休闲角、户外美食角。

5.3.6 健全校园可食景观管理机制

校园中的可食景观需要建立良性的运营和管理机制。学校可以成立专门的管理部门，由专任教师和学生共同开展相关工作。通过各项活动的开展，提高师生的协作能力和凝聚力。让学生参与可食景观的设计和管理工作可以培养学生的校园主人翁意识，多多听取学生的意见。可以建立反馈环来进行动态的管理和监督，构建清晰畅通的交流渠道，无论是教师还是学生，抑或是家长都有机会参与可食景观的营造，提供不同的意见和帮助。让所有的成员感受到他们都是整个过程中重要的一部分，各种问题与意见都能得到有效的反馈与处理。

第6章 可食景观与城市绿地

6.1 可食景观与居住区绿地

随着我国迈入以生态文明建设为导向的新型城镇化时代，社区空间的创新治理成了推动城市转型的重要抓手。我国城市发展正由外拓增量扩张转向存量更新、品质提升方向，面对整合低效空间资源、提升城市功能品质、传承地域文脉特色等诉求，以何种路径来实现城市创新内涵式发展成了新时代下的新命题。居住区的建设是社区发展的重要环节，居住区绿地是居民与自然联系的重要公共空间，是分布最广、最接近居民、最为居民经常利用、最经济的一种绿地形式。它不仅能为居民创造良好的户外休息放松环境，而且能为居民提供丰富多彩的活动场地，满足各种游憩等活动需要。

但是，在城市建设高速发展的同时，居住区绿地也暴露出造价高昂、功能单一等问题，需要更加实用的功能复合型景观来填补其功能缺失。另外，城市与农业割裂的日益严重也引发了城市居民对自然、农业的原始渴望。一种返璞归真的田园情节在城市居民中散发开来，许多城市居民开始利用自家庭院、阳台种植各种可供食用的蔬菜水果。"种菜热"开始在城市中流行起来（图6-1）。利用可食景观将城市居民喜闻乐见的可食用植物与其他景观植物相结合，并通过一系列生态措施将其应用于城市居住环境当中，实现实用性与景观性的双赢，更是满足了城市居民的田园梦、创造具有良好参与性的城市景观。

图6-1　城市居民自发建设的菜地

6.1.1　可食景观在居住区绿地中的价值

随着城镇化进程的不断加快，人们的生活方式、居住形态也随之变化。过去聚落式的居住方式被高密度的居住区替代，城市人口的流动性大大增加。这对过去相对稳定的居民社会关系网络结构产生了强烈的冲击。邻里关系冷漠、人口老龄化日趋严重、食品安全问题备受关注，生活压力增大、居家养老问题突出、城市生物多样性减少等城市问题日益显现。"居住区"作为城市的基本组成单元，在城镇化的进程中发挥着重要作用。将可食景观应用于居住区景观中，可以将人们的居住环境变得生机勃勃；通过大家的耕耘劳作，城市居民也可以体会到农业劳动的快乐，并收获新鲜健康的可食用作物；城市景观体系也会变得更加完善，城市生态环境也将在一定程度上得到改善。

（1）对城市发展的价值

在城市高速发展的过程中，传统的城市居住区景观暴露出了许多弊端，如景观形式雷同，缺乏新意，千城一面；景观功能欠缺，太过注重形式美而缺乏实用性；景观造价及维护费用过高等。日本景观设计教育家佐佐木曾说过："当前，景观设计学正站在紧要的十字路口，一条路通向致力于改善人类生存环境的重要领域，而另一条路则通向肤浅装饰的雕虫小技。"近年来，现代城市对居住区景观的需求不再仅仅停留于观赏层面，而是开始考虑其经济与生态功能。可食景观不同于传统城市景观类型，它在关注观赏性的同时，还注重实用性、经济性，给市民带来不一样的感官和体验。为城市发展提供多元化的景观元素，通过将农耕文化、园艺操作等引入城市让人们更好地感受田园生活，拉近人与自然的距离，促进城市居民身心健康。

（2）对生态环境的价值

可食景观种植范围相比于传统农业形式更小，便于精细化管理。由于居住区中的可食景观种植不以产量或经济效益为主要出发点，而是推广绿色种植理念及方式，因此可以促进种植场地成为一个健康的生态体系，增加城市绿化品类，丰富城市动物食源，稳定区域内自然环境生态系统，创造和谐的小型生物群落，并维持其生态健康。可以为城市的生态环境带来一定程度的改善，具有生态意义。

同时，可食景观在营造过程中可以充分利用居住区中的废弃地，让更多的空间得到优化和利用。减少居住区中的闲置空间，提升其利用价值，增加绿化景观，改善居住环境。

（3）对景观参与性的价值

当前的居住区景观中，居民多为"被动式"的观赏者。精致的喷泉、优雅的雕塑、精心布置的植物景观等，无论设计之初还是使用期间，居民都无法真正参与其中。2017年10月，十九大提出加强和创新社会治理任务，实现共建共治共享的社会治理新格局，市民参与城市规划及社区改造设计活动也逐渐走入公众视野。

可食景观从设计、种植、养护到收获等过程均可以使城市居民投入其中，增加其参与性与互动性，为人们提供了交往活动的机会，增近人与人之间的感情，也为人们枯燥的工作和生活削减压力，帮助人们排解不良情绪，保持轻松的心情和舒缓的精神状态，丰富城市居民的枯燥生活，提高其身心健康水平，打造符合城市特色的整体精神风貌。

（4）对居民的价值

现代社会生活节奏日益加快，繁忙和焦虑成为现代人日常生活的标签，但人们对自然本能的依赖并没有消逝。从古代的文人造园、陶渊明的《桃花源记》到如今城市居民自发的阳台花园、办公桌上的一盆多肉盆栽，都显露出人们对修山理水、侍弄花草的自然之境的心驰神往。而如今道路上车辆川流不息，居住区空间中高密度建筑林立，能够留给人们户外活动的空间十分有限。精心设计的绿化景观成为各大地产商的卖点，但多数景观仅仅停留在满足基本审美需求上，缺乏有效的利用率，使景观成为了花瓶。

可食景观由于其运作机制、管理模式、互动性等优势可以较好地弥补地产开发进程中的退化问题，同时为居民提供更多"采菊东篱下，悠然见南山"的可能性，重构人本性与自然的依恋关系。可食景观的生产价值可为市民提供一定量绿色、安全的食物供给。

（5）对社区工作人员的价值

社区是重构社会管理体系和化解基层社会矛盾的平台。随着人民群众生活水平的不断提高，人们与社区的联系越来越紧密，对社区的服务要求也越来越高，这不但对社区工作者提出更高的要求，同时，也需要建立更和谐的沟通渠道。可食景观作为以"可食用植物"为载体的社区营造重要抓手，能够提供日常居民间直接的良性沟通平台，借助相关活动增进交流（如日常花园维护、邻里活动的开展、设计方案的共同谋划等），在营造中彼此了解，相互协作建立良好的邻里机制。社区工作人员积极参与其中，与居民共建共管，增加互动机会，建立信任体系，缓解政府工作人员与居民的距离感，为日后社区相关工作的推进提供群众基础。

6.1.2 可食景观与城市老旧居住区更新

我国城市建设从增量扩张进入了存量转型的更新阶段，"存量规划"将成为我国老旧居住区持续发展的必然选择。居住区作为城市最基本的单元已经成为人们生活中的重要部分，而老旧居住区作为具有特定人群和生活形态的"城市生活圈"，在城市更新中扮演着重要角色，其室外绿地空间环境的活力和品质决定了居民的生活质量和环境的可持续发展。但是，随着城市化进程的不断推进，一些老旧居住区中绿地空间的意义逐渐淡化，原本的老旧居住区绿地空间是充满生活气息和文化韵味的，现在却被单调均质的现代公共空间所取代。

老旧居住区由于建造时间较早，缺乏统一的规划，建设标准不高。在绿地空间环境营造方面，存在着室外基础配套设施落后、功能不全、公共空间缺失、景观绿化情况不良、街道拥挤杂乱、缺乏文化氛围、停车难等一系列问题，严重影响老旧居住区环境价值及社区活力。

在人口结构方面，老旧居住区中的人口结构比建成之初发生巨大变化，呈现老龄化趋势，需要相关适老空间的营造。当前绿地环境的整治和设计有"物质环境决定论"的倾向，即设计者将自己的主观意图取代了使用者本身的意愿，这种现象在老旧居住区环境改造中尤为突出。在对一些已经完成老旧居住区公共空间改造的项目进行调研发现，由于改造前期设计调研不足，设计者对各个老旧居住区的特质及居民行为习惯不了解等原因，后期已建成项目无法满足居民切实需求，空间使用率低，未能给其带来新的活力与价值。

可食景观作为一种由邻里居民、园艺爱好者团体以及学校等共同管理与维护的特殊类型景观，除了种植蔬菜和观赏植物外，还为居民提供了共同劳作分享果实及参加各类活动的空间，在促进社会交往、为少年儿童提供环境教育机会、培养公民可持续发展及生态意识、增加传播花粉昆虫的种类和数量、维持城市生物多样性等方面具有积极的作用。

可食景观不限于用地性质，可以充分利用废弃地，着重于借助园艺作为催化剂，培育社区，追求更广泛的社会效益。此类可食景观是民众获取食物的来源之一，也是民众参与城市绿地管理的途径之一，更是社区营造的抓手，通过居民的共同参与、共同营造、共同管理在邻里间得以延续。花园的真正使用者——居民与景观设计师共同参与设计建造，探讨道路的划分、植物种植设计、雨水利用等，实现共治的景观。可以加强和创新社会管理，完善居住区治理体系，引导社会组织健康有序发展，充分发挥群众参与管理的基础作用，增加居民对社区事务的参与度，改善居住区绿化环境，提升邻里间信任度，加强自治精神，增强地方自豪感和主人翁意识，具有积极的现实意义。

6.1.3　居住区中可食景观设计用地的选择

居住区中的空间类型十分多样，根据使用的人群不同，可分为公共空间、半公共空间及私人空间等三类主要空间。公共绿地、商业街等面向所有人开放，属于公共空间；宅前屋后的场地多服务于居住区内部使用群体，外部人员适用性弱，可达性较低，属于半公共空间；私人庭院、自家阳台等属于私人所有，为私人空间。公共及半公共空间适于营建开放性的社区可食景观。对于私人空间可以由个人进行"自给自足"式的可食景观营造，同时有权将可食景观成果与邻里分享。公共空间中的可食景观不仅属于居住区自身，同时也是城市片区的绿色空间，在为居民提供各种便利的同时，也连接城市其他区域的绿地系统，成为城市绿色网络的一部分。

居住区可食景观的用地选择需要与社区、物业等共同商定，达成共识，可选择开放程度较高、可达性较好、便于监督管理、临近取水点、土质优良的公共绿地。植物的健康生长离不开适宜的光照，选址应充分考虑场地内部光照条件，合理保留场地内原有绿化植物，不宜选择过于开敞、暴露的场地。用地内部分场地宜有一定树木或构筑物遮挡，能够形成一部分半阴区域，便于将喜阴、喜阳不同习性的植物分区配置，营造丰富的植物景观效果，达到良好的生态效应。

也可以选择建筑物屋顶作为可食景观的设计场地。当在屋顶场地应用可食景观的时候要注意建筑承重的问题，因此建议采用轻质营养土进行种植，如使用泥炭土、树皮块、废弃培养基，将经过粉碎晒干处理制成的轻质土，配合当地种植土或单独使用。在屋顶进行可食景观营造需选择一些适应性强、长日照的浅根性小乔木，以及喜光照、浅根系、耐旱、耐寒、耐热、抗风、抗病虫害、抗污染并能吸收空气污染物、养护管理简单的灌木、草本、藤本类植物。

6.2 可食景观与公园绿地

6.2.1 可食景观在公园绿地中的应用价值

（1）承担科普及教育价值

可食景观具有与城市绿地相异的风格、类型、植物种类及设计手法，以花菜园、林果园等为代表的特色植物景观被引入城市之中，成为新的设计素材和物种多样性的来源。由于空间的差异，城市居民与农业生产、田园生活存在距离感和陌生感。城市中可食景观的多样运用能够让城市居民从田园生产的旁观者变成感知者、参与者，建立城市居民与自然生态的新关系。尤其是生活在城市中的孩子们，很少有机会了解植物的全流程生长情况，对于农业的认知多来源于书本。可食景观对青少年具有至关重要的科普教育意义。在公园绿地中开展丰富多彩的科普活动，在人们游赏公园的同时，将植物知识、农业技术、农耕文化等内容通过可食景观融入其中。

（2）构建节约型园林的价值

建设部于2006年提出了建设节约型园林的号召。节约型园林的建设是城市园林发展的趋势，其核心意义就是以最少的资源和资金的投入实现园林绿化最大的综合效益，促进城市园林绿化的可持续发展。

可食景观能够提高生态资源的有效利用率，获得最适宜的综合效益，是典型的节约型园林。与一般型城市绿地相比，可食景观的建设养护成本较低，兼具景观性和实用性，并且可产生一定的经济价值，能最大限度地发挥绿地的生态效益与环境效益，满足人们合理的物质需求与精神需求。

（3）提升居民身心健康的价值

城市居民在享有各种资源的同时又必须承受日趋增加的生活压力。人们走进山林寻找野菜，来到大棚里采摘草莓、樱桃，这种通过劳动获取食物的方式正在成为户外游憩的趋势。闲暇之余走进公园成为一种生活的减压良策，但当前各类公园绿地中营造的各类景观多数以观赏为主，游客无法参与其中。而可食景观具有较好的参与性，经过科学的管理及合理的引导，游客可成为景观的参与者，通过参与养护、采摘等活动与景观产生互动。这个过程能够唤起人们记忆深处在生产活动中参与劳动及获得收获的愉悦，缓解心理压力。可食景观可以很好地调动老年人的参与性，吸引老年人投身其中，通过园艺耕种可以很好地接近自然，提高身体活动能力，使老年人在劳动中增进交流，提高社会活动能力，做到老有所学、老有所为，降低老年人的孤独感。

农业生产孕育了农耕文明，需要守望田园，需要辛勤劳作，需要掌握争取丰收的农艺和园艺；它无需培养复杂的商战技巧，而是企盼风调雨顺，营造人和的环境。通过参与适合城市环境的"农业生产"——可食景观，能够培养人们朴实的劳动观，培养良好的生活态度。

6.2.2 可食景观在不同类型公园绿地中的应用

根据《城市绿地分类标准》（CJJ/T85—2017），公园绿地是向公众开放，以游憩为主要功能，兼具生态、景观、文教和应急避险等功能，有一定游憩和服务设施的绿地，分为综合公园、社区公园、专类公园、游园等四个种类。可食景观可以与多种公园绿地相结合。可食景观具有与公园绿地相异的风格、类型、植物种类、设计手法，以花菜园、林果园等为代表的特色植被景观被引入城市之中，成为新的设计素材和物种多样性的来源，如大连紫云花汐的薰衣草庄园、北京奥林匹克森林公园的向日葵花田等已成为人们喜闻乐见的特色景观类型（图6-2、图6-3）。

图6-2 大连紫云花汐薰衣草庄园（见彩图）

图6-3　北京奥林匹克森林公园向日葵花田（见彩图）

6.3　可食景观在城市绿地中的设计策略

6.3.1　以人为本，注重公众参与

无论哪种类型的城市绿地，都与城市居民的生活、学习、工作等密切相关，所以在设计过程中要充分考虑场地周边居民和相关政府部门的需求。在设计之初开展相关调研和讨论，融入各方的观点和不同角度下的思考，并根据这些观点进行设计。通过前期公共参与的方式，模拟各方对可食景观的接受适应过程、可操作性的设计形式及后期管理方式。可食景观规划设计时，应充分了解周边居民的组成、行为特点、文化理念等，根据具体情况修正规划设计目标和手法，营造适合当地居民和政府管理者的可食景观，让可食景观规划设计能够真正落地，更好地服务于居民及政府工作。

6.3.2　尊重环境，体现地域特色

城市绿地广泛分布于城市的不同空间中。在可食景观设计中要考虑场地自身特点，如周边人群组成情况、场地周边是否存在污染、场地周边交通、场地内部土壤原有景观等，根据场地自身及周边情况进行有针对性的设计论证。可食景观在设计过程中要选择乡土植物材料，体现地域特色，结合地方乡土种植经验。充分利用积累的乡土经验可以降低设计的不确定性，以一种对系统干预最小的方式进行设计，避免一些不可预知的问题发生。可以让当地民众充分参与其中，运用传统、有效的耕种养护经验降低可食景观在公共绿地中应用的失败概率。城市植物园中可收集和应用适宜本地生长的各类作物、林果品种，作为乡土植物品种资源库，进行充分保护和延续。

6.3.3　特色分区，营造宜人空间

可食景观可以提高城市绿地的景观多样性、物种多样性、游憩多样性，在设计时可以充分结合不同城市绿地特点进行分区营造。如滨水空间可以设立果木林带公园，公园内可开设专门区域设置可食景观专类园，缓解常规园林植物由物种单一带来的审美疲劳感。可食景观中应结合自身特点，利用田间、树下、路边等场地塑造宜人的多功能空间，如休憩、工具存放、活动体验等空间。

上海世纪公园为打造公园景观特色，增强与游客的互动，引入了"可食景观"概念，在上海的城市公园内打造首个蔬菜花园（图6-4）。"蔬菜花园"项目将花园的精美性与菜园的实用性巧妙结合，让蔬菜替

图6-4　上海世纪公园内的蔬菜花园

代传统的园林花卉植物，成为造景的主角。世纪公园用设计生态园林的方式去设计菜园，蔬菜从花、果到根、茎都具备食用价值，使得景观成为可以吃的景观，菜园也变得富有美感和生态价值。除了可食、易学，蔬菜花园的魅力也在于设计者和种植者的精心雕琢。墙体、篱笆、种植槽的巧妙配置，不但可以起到规划空间、方便种植的作用，还可以作为配景为花园增色。此外，蔬菜花园还是一项极具参与性和可操作性的项目，简单易学的种植技术让每一位游客都可以轻松参与到花园的建设中去。

6.3.4　有序发展，科学管理

城市中可食景观的设计应该循序渐进，可以考虑采用小范围试点方式，留有一定的弹性发展区域。当对城市绿地可食景观的设计没有过多的把握时，可采用先在局部试验再推广到全局的做法。通过小范围内检验系统反映出来的问题，对设计进行修整，避免大规模建设的浪费。注重可食景观在城市绿地中的科学管理工作，在参考日本、美国等国家可食景观管理工的成熟经验基础上，将城市绿地中的可食景观纳入城市统一管理。也可以考虑采用租赁、共建、居委会管理、社会团体管理等模式，让更多的人参与其中，发挥可食景观的参与性与社会服务功能。

6.4　可食景观应用于城市绿地中所面临的问题

6.4.1　可食用植物在城市绿地中的应用问题

可食景观中使用的植物多为农作物，如蔬菜、水果、粮食作物等。在传统观念中，供人食用的农作物与园林植物属于不同范畴：园林植物主要用于城市景观美化，用以改善城市生活环境，以观赏为主，主要由专业的景观设计师依据一定的设计原则进行相关设计，主要由城市园林绿化部门、园林养护单位等进行养护管理；而农作物多来自较为偏远的乡村，是人类基本的食物来源之一，多由农民进行耕种与管理，基本不需要专业景观设计师参与种植设计。公众已经习惯了身边的园林植物，对于将农作物作为园林景观的一部分被引入还是比较陌生的。

　　景观设计工作的从业人员，更关注景观本身的观赏性及时代性，在设计中融入可食用植物材料还处于探索阶段，没有成为一种共识。将可食用植物引入景观空间，对人类追求更好的生活方式有着积极的影响。这涵盖人们生活的方方面面，从美化城市环境、提供部分食物产出到保护城市生态、改善城市居民身心健康等。公众对于可食景观的认识及熟悉也会逐渐发展。

　　随着人们对于生活环境、绿色食材、健康理念的关注，国内已经出现了一批可食景观的先行者，如上海四叶草堂青少年自然体验服务中心、自然之友·盖娅设计事务所等已经开始将可食景观理念运用到实际的设计项目之中，利用可食用植物的力量去引领一种全新的设计体验（图6-5、图6-6）。屋顶菜园、社区花园、阳台花园等市民参与性极高的可食景观项目也逐渐走入公众视野。

图6-5　火车菜园

图6-6 春山里永续农场

图6-7 辽宁大连三寰牧场

城市内部及城郊空间越来越多的休闲农场，正在成为人们短途旅游的目的地。作为一种不同于传统公园、广场的景观空间，休闲农场为人们带来了更多与自然及真实生活接触的机会（图6-7）。虽然可食景观以多样化的方式开始走入公众视野，但是仍在比较有限的空间中发展，需要政府、设计师及公众的共同努力。

6.4.2 相关技术缺乏

将可食用植物引入景观设计中，对于城市规划、建筑设计、景观设计从业人员来说具有一定的挑战性。需要设计师在原有知识体系中进行多元化扩展，需要对相关农业作物有较好的了解，需要对不同植物的观赏特点、生长习性、季相变化、管理要求、病虫害防治等开展设计工作。并将可食用植物与常规的园林绿化植物进行组合搭配，发挥可食景观在观赏、实用、生态、娱乐、教育等方面的功能，创造集美观与实用于一体的设计方案。

同时，由于可食用作物的种植方式在一定程度上也决定了产出作物的食品安全性与营养质量，因此对种植场地的土壤质量、环境及生态可持续性会提出较高要求。这就需要采用科学的种植技术，并在后期维护阶段根据可食用作物的生活特性进行维护。

6.4.3 公众参与中的"公地悲剧"问题

"公地悲剧"（tragedy of the commons）是指一种个人利益与公共利益对资源分配有所冲突的社会陷阱。"公地"制度曾经是英国的一种土地制度，封建主在自己的领地中划出一片尚未耕种的土地作为牧场，无偿提供给当地的牧民放牧。作为理性人，每个牧民都希望自己的收益最大化。在公共草地上，每增加一头牛会有两种结果，一是获得增加一头牛的收入；二是加重草地的负担，并有可能使草地过度放牧。经过思考，牧民决定不顾草地的承受能力而增加牛群数量，于是牧民便会因牛的增加而获得更多收益。看到有利可图，许多牧民也纷纷加入这一行列。由于牛群的进入不受限制，所以牧场被过度使用，草地状况迅速恶化，悲剧就这样发生了。"公地悲剧"说明了人们无限制地利用公共资源的恶果。

可食景观在营造过程中注重公众的参与性与体验感，以可食用植物为媒介建立起人与人的关系，构建更加和谐的人居环境。在参与实践的过程中会不同程度地引发"公地悲剧"问题，这就需要有效的管理机制来强化公众与管理者的直接联系。同时，也需要考虑如何更好地调动公众的参与性，积极主动地参与可食景观的建造及相关管理工作。

第7章　可食景观与乡村振兴

自古以来，我国就是一个农业大国，在1998～2018年仅仅20年的时间里，中国就以惊人的速度建起了一座又一座的现代化建筑，而曾经支撑了中国社会不断发展和前行的农村和农民却没有得到良好的发展，反而还逐渐"消失"了。村庄不断消失后，大量涌入城市的农民失去的不仅是土地，还有故乡和回忆。1990年全国村庄数量约377.3万个，到了2021年约263.3万个，31年时间减少了约114万个。

随着城市化与工业化进程的不断推进，越来越多的年轻人从乡村来到城市，离开了乡村生活，部分地区出现了"空心村"问题，很多乡村中只剩下了老人和远离父母的留守儿童。随着信息化的不断推进，互联网极大地改变了城乡的空间距离，为新兴产业在乡村的发展开辟了广阔的道路，使乡村的功能进入了多元发展的新阶段，成为未来现代化极为宝贵的发展空间。乡村不再只是提供农产品的生产基地，其生态、文化、社会的价值优势对满足人民的美好生活需要发挥着越来越重要的作用。

城镇化使得城市版图不断扩张，城乡边界越来越模糊，乡村固有的乡土风貌和文化景观受到了破坏，传统农业景观面临消解与重构。部分地区美丽乡村建设中片面强调城市景观下乡，甚至有些片面地追求城市园林的美感，而忽略了传统的与生产生活相关的景观，淡化了乡村的生态特色和农耕文化的体现，导致乡村景观"千村一面"，乡村特色丧失以及景观风貌受损等问题的出现。

随着乡村振兴的持续推进、设计语言的不断更新以及人们需求的变更，如何改善乡村人居环境，如何形成可持续发展的乡村生态环境，如何拉动乡村经济良性增长等已经成为美丽乡村建设的重要问题。

可食景观是以农作物等为主要元素构建的景观形式，它并非简单的种地，而是用景观设计和生态设计的方式设计场地，使其兼具观赏、食用双重价值的景观场所。乡村可食景观是指在乡村中应用的兼具生产性和观赏性的景观，其应用形式多样、景观效果良好，能引领乡村居民回归土地，促进果蔬有机生产，带动村民的休闲文化生活，在引领城市乡村旅游发展方面具有极大的发展应用潜力。

7.1 乡村与城市可食景观的区别

7.1.1 发展原因的区别

乡村景观相较于纯自然景观，多了一点人工雕琢的痕迹；相较于城市景观，更显得自然。其具象方面包括地形地貌、气候、水文、生物及土壤相互作用呈现出的自然景观，抽象方面包括受人为因素影响形成的文化风俗、经济发展特色等人文景观。乡村景观大多是自给自足的农业与自然和谐交融的景观，农耕文明也产生于肥沃的乡村土地之中。淳朴、辽阔的乡村让生活在城市的人们在这里寻找到灵魂的归宿与居所，逐渐找到属于自己的家园，满足人们的精神需求。城市居民对于乡村景观的向往与期待促进了可食景观的发展与进步。随着生活水平的不断提高，在满足物质生活的基础上，对于乡村景观的改善也提出了更高的要求。乡村可食景观与传统意义上的景观设计相比，在改善农村人居环境、发展农村旅游等方面具有独特的优势。可食景观慢慢成为美丽乡村景观建设的一种新途径，对推动乡村农业经济、社会和生态景观的发展起着积极的作用。

城市的产生与发展带来了生活水平的提高、人居环境的改善，但是也无形中割裂了人与自然的联系，打破了乡村、农耕文明与人最真实的联系。当前城市环境恶化、食品安全及健康问题频发等现象，激发了人们对自产食蔬及农业景观的精神渴望。城市中的可食景观多结合城市园林绿化空间，受到用地权属、管理机制、空间大小等因素的制约，因此只能作为一种远离乡村的场景式的自然再现与农耕体验。

7.1.2 景观价值的区别

乡村中有大面积的农业作物种植，与城市相比，可食用作物的种植面积更广。然而，这些寻常可见的农田很少被人们看作可食景观，原因可能是它们并不具有典型的观赏价值，或长久以来人们对乡村景观需求和功能的低估。如今，随着时代的发展和美丽乡村建设进程的推进，人们对于乡村种植的农作物也有了景观化的要求。乡村可食景观以一种全新的方式诠释乡村传统农业种植环境，在关注生产功能的前提下更好地用景观的方式带动农业经济持续发展，同时兼顾精神审美需求。

城市中的可食用景观不是以追求生产为主要目标，而是通过可食景观的营造在远离乡村的"家门口"获得新鲜食物、增强社区连接、放松身心、感受自然等，主要追求的是精神层面的享受与熏陶。

7.1.3 设计与管理的区别

乡村环境具有得天独厚的自然条件与广阔的场地，具有专业的种植及管护人员，可以开展多类型、大面积、机械化的种植工作。能否根据场地特点及地域特色开展适宜的农业种植是需要考虑的重点，设计中体现原生态的农业景象，不必拘泥于精致的景观场景打造，在保证生产的基础上用具有乡土特色的方式去"还原"乡村应该有的样貌，避免城市景观中的设计方法生搬硬套地引入乡村。管理上主要以农民、农场主、专业农业技术人员、土地行政主管部门和农业行政主管部门等为主体。

　　城市中可食景观的建设条件与乡村存在较大不同。城市中可食景观的立地条件通常较为苛刻，土壤条件差、空气污染严重、土地面积紧张，在屋顶菜园等场景下，还可能面临日光暴晒、暴雨疾风等极端环境。在设计中需要充分考虑环境因素、人群特点等，注重细节设计及精细化耕作管理。设计中关注人们的参与价值，让可食景观最大限度地发挥其社会价值。管理中注重在地化和可操作化，管理形式根据不同条件可以多样化开展，如社区集中管理、城市绿化主管部门集中管理、社会组织管理和私人管理等。

7.2　可食景观与乡村景观的关系

7.2.1　可食景观促进乡村景观发展

　　可食景观是新时期下乡村旅游的新型产物，是一种创新创意的休闲农业形式，能够整合乡村旅游资源，使其朝多元化方向发展。可食景观是现代园林发展到一定阶段后一种对传统农业景观复兴的产物，可以很好地兼顾农业生产的经济价与生产价值，同时融入景观设计理念，打造乡村特有的野趣田园风光。

　　乡村景观在规划与设计中要注重本土特色人文的保护与体现，在满足本地人民群众基本生产、生活需求的前提下，种植本土作物，保护本土种质资源。乡村可食景观与周围环境共同构成了一些野生动植物的栖息地，还能通过构建食物链关系起到生物防治的作用。通过合理的设计和管护，有助于实现土壤肥力保持和水体净化等生态功能。

　　随着乡村振兴战略的实施，良好的自然生态、安全的食物、洁净的空气、淳朴的乡风使农村成为人们向往的花园、果园、乐园、家园，农村的旅游休闲和养生养老的功能慢慢开始显现出来。以农业为载体的乡村旅游业态不断涌现，乡村农场、村舍民宿、农家美食等正在成为城市人的旅行目的地。发展乡村旅游可以使农村自然资源、人文资源增加价值。可食景观在乡村旅游中会更好地提升乡村景观观赏性与生态价值，拓宽农业功能，延长农业产业链，发展农村旅游服务业，促进农民回乡就业，增加农民收入，为新农村建设创造较好的经济基础。

可食景观的应用让田园场景以及特色农业等生态旅游景观与本地自然资源和谐共生，不仅利于旅游资源的开发，同时还能提升旅游资源的艺术品位，将农村旅游资源转化为经济资源。它为乡村农业发展注入了新的动力，使传统农产品向更高级的旅游农产品转变，提升了农产品的附加值，成为促进农业产业结构调整、增加村民就业收入的重要渠道，从而逐步实现美丽乡村建设从美丽生态到美丽经济，再到美好生活的目标。

7.2.2 乡村景观助力可食景观营造

可食景观的本质特征是"农业"，农业生长于乡村，而乡村景观是一种综合资源，包括以农业生产为核心的自然资源、土地资源、田园环境资源和资本资源等，如河流、山川、森林、田野等，以乡村的村落、农舍、祠堂、农田、果园等自然景观和人文景观为基础。它们内部及彼此之间所形成的微环境可作为可食景观的本底，为可食景观的营造提供资源。可食景观设计与农业生产结合的特征在乡村景观的建设联动下得到了充分的展现，有效带动了可食景观的发展。

农民作为乡村可食景观的主要设计者与参与者，通过辛劳的耕种，在为人们提供食物的同时，也创造出了生于广袤田野间的农业景观。农民用自己的智慧耕耘着每一块田地，同时也为可食景观带来了人力与技术支撑。

7.3 乡村可食景观的设计策略

7.3.1 合理利用土地，可持续发展规划

乡村可食景观设计中要充分尊重当地的地域文化及自然、农业资源禀赋，以景观生态学和农业生态学为指导，以土地规划为基础，因地制宜地对现有资源进行合理的开发与利用。可以根据目标客户需求及场地现状，合理规划可食景观的观赏区、体验区、休息区、展览销售区等。不同区域可以集中布设，也可分区布设，但要完善不同功能区之间的交通系统，保证交通系统的连贯性及可达性。若距离较近，可以进行步行友好的交通系统设计；若距离较远，则可开展多样化的游赏体验，如自行车、小火车、电动观光车等。

可食景观不仅是用来观赏的，更是农民的生存之本。可食景观的营建既要有利于农业生态发展与创新，又要起到促进农村经济提升的作用。所以，在可食景观规划设计之初，尤其是对大尺度的农田、林地等进行规划时，在保证其生态性不被破坏的基础之上，需要充分考虑种植与耕作方式的本土性。可食景观不能仅局限于通过农田景观游览发展乡村旅游业，更应该将农副产品生产、加工与乡村旅游、餐饮、民宿等共同构成一条完整的可持续发展的产业链。

7.3.2 主题概念明确，活动内容多元

可食景观采用新颖的形式表达当地的农耕文化内涵，有效地把握当地的民风民俗，将地方特色融入乡村景观建设之中，凸显乡村景观的文化性、特色性与生态性。在设计过程中，需要充分挖掘地域特色，为各类可食景观场地、园区确定适合自身可持续发展的主题。可以结合已有

乡村特色产业、特色农产品、景观装置艺术、特色农事活动和节日等展开主题设定。相关可食景观设计及环境营造围绕主题开展，并应充分了解游客的心理，以旅游心理学为指导，抓住游客的好奇点、兴趣点，设置独特的、具有当地特色的游玩项目，激发游客旅游动机，吸引大众。将蔬菜栽培与园林小品结合，打造蔬菜的主题公园。通过造型设计、艺术创作等手段，将蔬菜打造为观赏性艺术展品。

7.3.3 设计就地取材，融入景观之美

乡村可食景观的核心部分即为乡村中的可食用植物。要充分尊重场域内原有种植特点及农业生产需求，选取具有地域特色或发展潜力的作物，在发展乡村种植经济的同时融入景观设计理念及方法。选择适合种植的粮食作物、瓜、果、蔬菜等作为可食景观的主材营造景观，不但便于种植管理及销售，而且可以很好地打造村内特色物产。在道路及广场铺装和各类景观设施的选材上也应做到就地取材，利用当地生产的材料或将农业废弃物进行改造再利用，如木桩、水缸、渔船、水槽、瓦片等，以实现节约成本、降低能耗的生态性目的。

7.3.4 加强宣传引导，注重科学管理

可食景观与常规绿化的一个重要区别在于，农作物通常需要比较精细的照料管护，如及时采收、轮茬，否则农作物的病虫害、烂叶烂果等问题将严重影响景观效果。因此，可食景观的管护和经营是保障景观效果可持续的重点，需要所有参与者的共同协作，才能在收获果蔬的同时共享景观带来的多种惠益。可食景观的管护经营模式需充分考虑项目背景和参与团队的组织结构，明确各方的权责，充分调动所有参与者的积极性。

鼓励政府、园区员工、游客共同参与管理与运营，政府为建设初期做好设计指导和资金筹建，并做好后期监督。员工是园区的主导者，参

与园区的建设施工与农业的生产，做好园区的日常管理。游客在游园中要尊重爱护园区，同时建设开放、互动的评价平台，积极参与园区的升级改进。可考虑采用游客承包制度，既可以突出参与性和科普性，又可提高回游率，同时也有利于做好园区的宣传。扩大知名度，可通过举办不同的活动来吸引游客，如根据当地的农产品和季节性特点，举办可食景观丰收节、厨艺大赛，举办大型赏花采果活动，也可以用可食景观产品为食材，建立与餐饮店、零售店等企业的合作机制和线上线下销售平台。

乡村本就是游客对自然田园的向往，随着乡村养老、乡村疗养的概念逐渐被人们熟知，许多老人和病人更愿意来到乡村，通过接触自然的植物景观环境来舒缓压力、缓解疾病，这对身心健康起到积极向上的辅助作用。作为一种独特、新颖的景观手法，可食景观在乡村中的应用形式多样，景观效果良好，还能引领农村居民回归土地，促进果蔬有机生产，带动村民的休闲文化生活，将景观融入居民的生活方式中，与城市可食景观的作用相辅相成。

第8章 可食景观案例赏析

8.1 武汉·脉动生态花园

项目位置：湖北省武汉市东西湖区湖北达能食品饮料有限公司——碳中和工厂

设计时间：2021年1～3月

项目设计：自然之友·盖娅朴门设计事务所

项目面积：300m²

8.1.1 项目背景

我国正处在产业转型升级的阶段，从低附加值向高附加值升级，从高能耗、高污染向低能耗、低污染升级，从粗放型向集约型升级。为了更好地为"美丽中国"以及双碳目标提供坚实助力，湖北达能食品饮料有限公司——碳中和工厂成为中国饮料行业率先实现碳中和的厂区。本项目利用厂区内原有的废旧材料及可食用植物材料，在工厂中营造了一座可食、可观的零废弃生态花园（图8-1-1、图8-1-2），用设计的力量更好地诠释了"同护地球，共享健康"的企业愿景。

图 8-1-1　脉动生态花园入口

图 8-1-2　脉动生态花园鸟瞰（见彩图）

8.1.2 设计特色

（1）七大功能区构建可食性生态系统

从空中俯瞰，花园的整体造型似脉动饮料瓶身，分为"瓶盖""瓶颈""瓶身"三部分。其中"瓶颈"内种植着各类花卉、仙人掌等，"瓶身"种植苋菜、青椒、茄子、辣椒、苦瓜等可食用植物。设计效仿自然中的生态关系，构建了一个具有可食性的生态系统，并使其产生观赏、食用、生态等多维度价值。花园共分为"青柠"园、生态水池、跌水净化系统、堆肥区、"箱"园及"桶"园、育苗温室等七大功能区（图8-1-3、图8-1-4）。

脉动生态花园通过"生产者+消费者+分解者"的方式，构建了土壤与食物的生态循环模式。员工食堂的厨余垃圾通过堆肥给菜园提供肥料，园中的睡莲、向日葵、茄子、辣椒、西红柿、小白菜等植物结出的蔬果又被送去工厂食堂。这些可食用植物既丰富了花园景观又为员工带来绿色食材（图8-1-5）。项目运用了户外堆肥箱，将生厨余、落叶和杂草进行就近堆肥，做到有机垃圾不出园。通过兔子、鸡等动物饲养，更

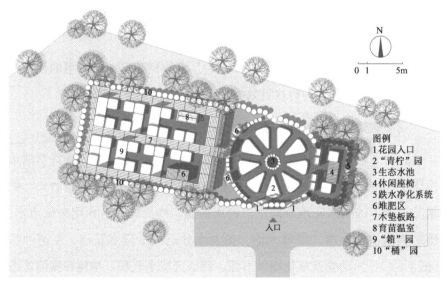

图例
1 花园入口
2 "青柠"园
3 生态水池
4 休闲座椅
5 跌水净化系统
6 堆肥区
7 木垫板路
8 育苗温室
9 "箱"园
10 "桶"园

图8-1-3 花园平面图

图 8-1-4　花园轴测图

图 8-1-5　花园中的西红柿

图 8-1-6　蚯蚓塔

高效、更便捷地消化了厨余垃圾，缩短了食物链路径。蚯蚓塔的设置也加速了物质的循环，同时也有效提升了土壤的肥力（图 8-1-6）。

（2）构建自然的水循环系统

脉动生态花园通过渗、滞、蓄、净、用、排六种方式，践行自然水循环系统，为花园的生态池塘提供源源不断的清洁水源。通过收集、贮藏屋顶流下的雨水和地表雨水，利用植物、沙土的综合作用净化雨水，使之逐渐渗入土壤，滋养大地。多余水分汇集于雨水花园、生态池塘（图 8-1-7），为动物及植物提供水源，调节区域小气候，构建完整的生态环境（图 8-1-8）。此外，工厂还将深度处理的工厂废水用来浇灌花园。

图8-1-7 花园中的生态池塘

图8-1-8 水净化系统（见彩图）

（3）废弃材料的景观化再利用

脉动生态花园建设中所用到的营建物资大多来自脉动工厂的废旧材料，如：用于水体过滤净化和旋转堆肥的原料桶，用于水生植物种植的铁皮桶（图8-1-9、图8-1-10），道路、种植箱、座椅和木门的木垫板以及锁孔花园收边的脉动瓶等（图8-1-11）。脉动生态花园是工业废弃物改造的一个典型案例，花园的建造不一定必须是全新的木材、青砖等材料，剩余的饮料瓶、旧板材都可以成为种植容器。生态花园给了这些堆砌在仓库的废旧材料第二次生命。

图8-1-9　可利用材料

图8-1-10　桶中花

图 8-1-11　脉动饮料瓶收边

（4）从参与式设计到参与式营造

项目在设计过程中充分调动工厂员工及其家属的参与能动性，运用"参与式设计＋参与式营造"对设计及施工的全流程进行把控。员工与设计人员共同完成场地调研、分组讨论设计方案及施工。这种深度参与的形式为场地增加了故事感，同时也增加了员工对企业文化的自豪感以及对设计成果的认同感（图 8-1-12）。

8.1.3　建成效果

这个既有食用价值又富有美感和生态价值的花园，如今成为员工及家属品尝绿色食物、进行丰富农事活动和体验自然的多功能教育空间，也成为企业展示环保理念和可食景观的窗口（图 8-1-13）。孩子们在参与食物种植及采摘的过程中亲近自然、认识自然，员工通过花园的景观及日常活动放松身心，感受食物原本的味道。

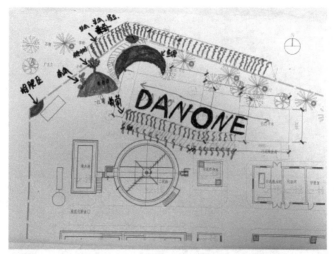

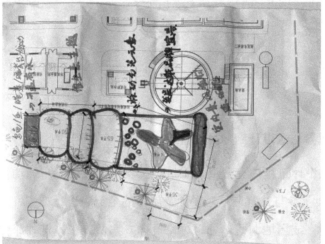

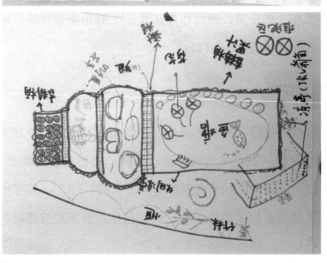

图 8-1-12 员工们的设计方案

图8-1-13 员工采摘绿色蔬菜

8.2 广州·秾好植物园

项目位置：广东省广州市天河区华南农业大学38号楼屋顶花园

设计时间：2016年11月～2021年12月

项目设计：秾·可食地景研究组

项目面积：442m²

8.2.1 项目背景

华南农业大学38号楼建于1990年，楼高四层，由南北两座楼体组成，空中鸟瞰呈U字形。它曾经是华南农业大学林学与风景园林学院的教学楼（图8-2-1）。自2009年以来，林学与风景园林学院搬迁后，38号楼便逐渐远离了师生们的生活。2015年起，风景园林系的师生重新关注

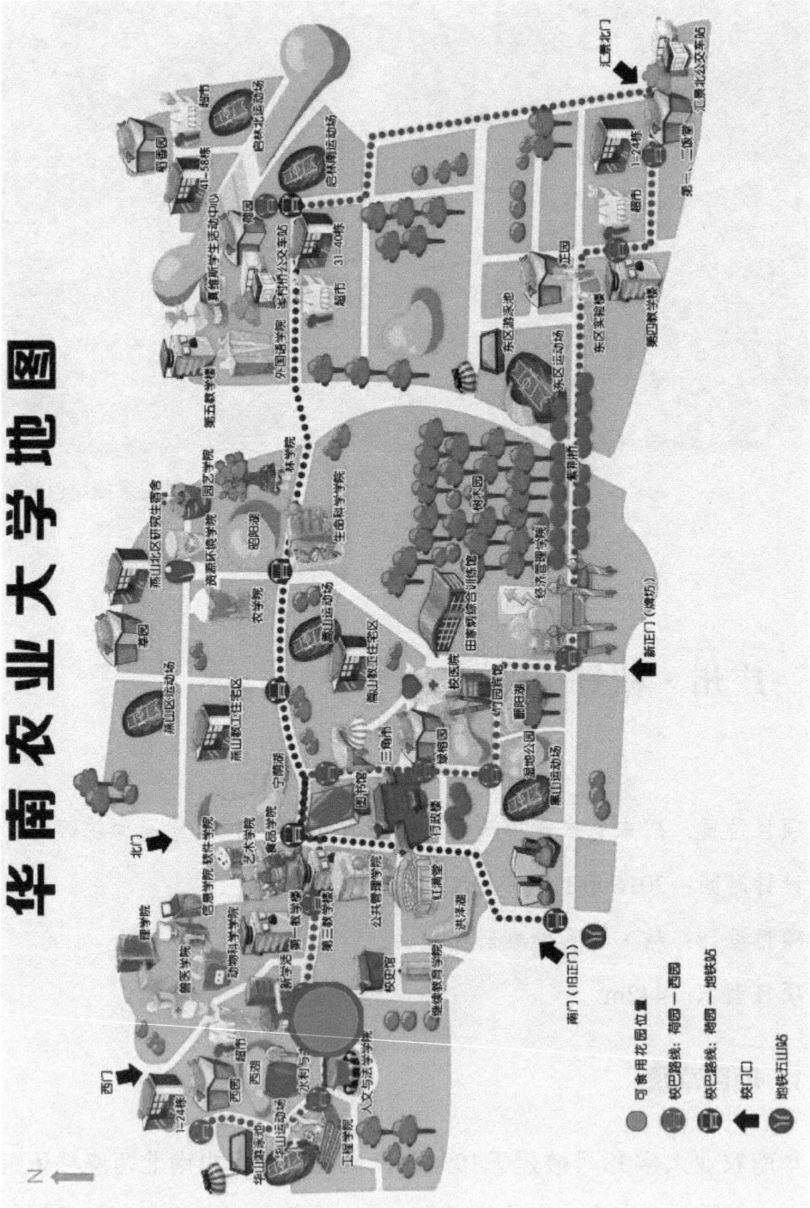

图 8-2-1　可食用花园位置与周边环境

图8-2-2 秾好植物园鸟瞰（见彩图）

起这座老教学楼的未来。大家开始思考如何用景观的方式赋予38号楼新的生命。2016年11月开始，秾·可食地景研究组的师生通过对场地的前期调研、完善屋顶基础设施、可食景观营造等工作，对38号楼的屋顶进行改造设计与建设，让昔日的38号楼重新走进人们的视野，成为校园中一道亮丽的风景线（图8-2-2）。

本项目是"可食用校园计划"中重要的长期项目之一，很好地诠释了设计团队的初衷与愿景。通过近七年的发展，研究组以"以秾促农"

与"以秾会友"为核心,主要从科学研究、教育、社会服务三大板块开展工作。课题组的组织以平台运营+短期工作坊的形式开展,不局限于课题组成员或在校师生,也与社区及在地伙伴一起协作。

8.2.2 可食用校园计划

当我们进入大学,大家一起学习、一起工作、一起生活的时候,我们使用校园的时间已经远远超过其他地方。或许,校园与我们的关系可以通过"食物"重新定义!

校园逐渐成为地区都市农业种植与"食育"的重要场所,是激活地方可食景观网络的原点。目前,国内外许多高校、小学等都已经建设发展"可食用"校园。

基于以上思考,由秾·可食地景研究组于2017年发起"可食用校园计划",通过对华南农业大学校园环境进行全面、综合、系统的调研与使用评价,对校园周边社区资源进行分析与整合研究,组织社区居民及在校师生共同探讨校园环境优化的潜能。

8.2.3 设计历程

2016年秋冬季至2018年春夏季,项目团队主要进行可食植物材料实验性种植。研究组针对广州市夏季高温多雨、冬季低温少雨气候,对可食用植物屋顶露天种植的适应性进行评价,筛选耐旱、耐热、不易遭受虫害和鼠患的植物作为可食用景观花园的实验素材。

2017年秋冬季至2019年秋冬季,主要进行植物组合搭配种植实验。一是运用"好朋友种植法",混种形成"避忌共荣"的效果;二是结合不同植物间对光照、水分的需求进行分区种植,以形成不同生境下植物的搭配,结合植物形态特点进一步进行组景研究。

图8-2-3 "绿海"屋顶

2018年，课题组对于可食用景观的种植研究已经积累了一定的经验，在原有的基础上开始探讨种植设施的创新、维护，管理的可持续，社群联动等方法。2019年课题组进一步深化整体的屋顶景观优化及以乡土植物为主的可食景观探讨。

2020年由于疫情影响，屋顶在半年间缺乏有效管理，花园成为一片"绿海"（图8-2-3）。当年的9月份开学后，大家一起重新开始屋顶的整理。

重新得到照料的花园又一次焕发了活力，续写着可食景观的价值与未来（图8-2-4）。

2021年是秋好植物园的第5个年头，又迎来了新的挑战——告别。夏天，课题组的同学们迎来毕业季；秋好植物园也将要搬离原址。秋天开始，课题组的伙伴们从共建转换到了共拆。"乐享"成为秋好植物园告别38号楼后的新模式。大家将花园中的植物分享给不同的伙伴，重新进入新"家"。

图8-2-4 改造后的屋顶花园

8.2.4 设计特色

（1）项目调研工作系统完善

在设计过程中，项目团队的成员们对场地及相关使用人群进行了深入而系统的研究，为项目的顺利开展积累了宝贵资料。2015年的工作主要是场地及其周边环境的基础资料整理、微环境气象信息的测量记录；2016年设置"种植达人"项目，对校园教工居住区进行了自发种植情况的调研，收集整理住户的种植经验；2017年开启"可食用校园"计划，对全校不同人群（教职工及其家属、在校学生、外围社区居民等）的特点、专业技术与物料资源进行系统调研。该过程结合师生团队的科研及学习需求进行设置，成果不仅作为项目方案的前期资料，还通过系统整理后可用于经验交流与知识传播。设计过程是以教育及参与来组织策划的。大家通过头脑风暴的方式，在有限的时间内对设计问题、设计想法、改造建议进行整合及分类，确定基本的屋顶布局和组织营造策略。每学期的小组成员会对场地进行再评估，并重新对花园方案进行调整以及共同营造维护（图8-2-5）。

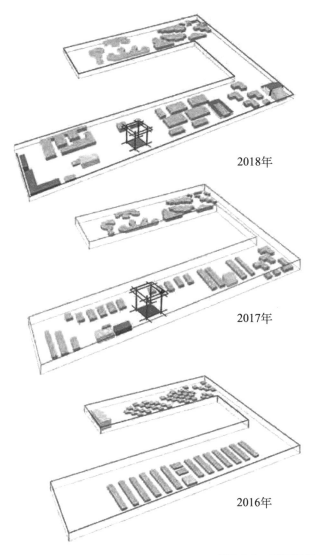

2018年

2017年

2016年

图8-2-5　不同时期的平面布局

（2）复合功能的校园可食景观

秋好植物园作为华南农业大学校园景观的一部分，结合农业类高校校园特点，进行校园建筑屋顶景观的改造。该项目在闲置屋顶利用、屋顶生物多样性营造方面也起到了一定作用，在"好看、好吃"的基础上具有更多重的生态效益（图8-2-6～图8-2-11）。

图 8-2-6　蔬菜花篮

图 8-2-7　春季收获的芦笋

图 8-2-8　木瓜结出的果实

图 8-2-9　新鲜的胡萝卜

图 8-2-10　蔬菜景观

图 8-2-11　蔬菜花园

（3）花园的运营

花园的建设与营造是一个持续的过程，它们并不孤立于花园设计之外。秾好植物园属于校园空间，因此它的运营兼顾科研和教学，包括每学期会对种植经验进行总结，结合花园种植观测，将种植的经验与技术进行整理，在线上线下同时进行传播。同时课题组也关注校内外社群的交流。2020年以前，花园面向校外社群开放，并不定期参与或组织环境教育活动，如植物科普节、植物导赏、展览策划。过程中花园的成员们更好地凝聚在一起，并为之自豪，也将更多志同道合的朋友联系到了一起。

秾·可食地景课题组在开展高校教学科研工作的同时积极参与社区服务工作，转换高校的研究成果，与社区居民共同推进社区交流、种植及环境营造。

38号楼屋顶的秾好植物园，通过持续的观察及营造经验总结，结合华南地区食用及种植特点，将100多种可食用植物制作成检索手册。手册制作结合植物造景需求，对可食用植物的形态、生理及种植特点进行分类，方便种植爱好者及造园者使用。完成《可食用景观案例手册》，收集国内外约70个案例，按照不同的功能类型及使用的场所进行策略分类，整理出在植物、土壤、生物、水、能源、材料、设施方面不同的策略，为相关可食用景观营造提供参考。

（4）师生共建参与式设计

秾好植物园的建造及管理由师生共同参与。学生在参与中实践理论知识，教师在指导实践的过程中开展现场教学与研究，把教室搬到了广阔的自然中，通过学生共同设计、施工、种植、管理、收获、开展创意活动，38号楼的屋顶成为一个可学、可赏、可游、可研究的多功能空间（图8-2-12、图8-2-13）。

图8-2-12　师生一起建造花园

图 8-2-13　安装喷灌系统

8.2.5　建成效果

　　秾好植物园是师生与自然间进行对话的纽带，更是教师与学生、学生与学生、学生与社会之间彼此连接的起点。伙伴们在跨越数年的种植营造过程中一起挥洒汗水，一起成长，一起陪伴，一起见证，为这座经历沧桑的38号楼注入新的活力与风景，也为彼此的记忆留下了难忘的插曲。秾·可食地景研究组围绕着该场地及可食景观等议题，举办了工作坊、讲座三十余场，有上百名在校师生及校外植物爱好者参与其中。

8.3 深圳·太子湾学校共建花园

项目位置：深圳市南山区太子湾学校小学部

建设时间：2021年6～11月

项目设计：迈丘设计

项目主创：黄宏聚、杨柳、谭贡亮

项目面积：200m²

8.3.1 项目背景

本项目为迈丘设计参与由深圳市南山区城市管理与综合执法局主办的深圳市"共建×设计"小美赛的社区花园实践。这是一个开放式的设计建造项目，通过多方参与和设计统筹，完成了校园荒废绿地的改造。

项目场地位于深圳太子湾学校小学部的教学楼西侧与学校围墙之间，廊架把狭长的空间分成两个细小地块（图8-3-1）。计划改造面积200m²。这里是整个校园绿化淘汰植物的收纳场，经过长年累月的生长，植物密闭，甚至把旁边教学楼首层采光窗户都挡得严实。中下层外来入侵品种挤满绿化场地（图8-3-2）。虽紧邻教学楼，却无法让人亲近，逐渐成为一个充满各类杂物的荒地，蚊虫滋生，本底生境条件很差。

学校期望能够把这里建设成一个让学生参与其中的生态农园。南山区政府希望能够通过改造，让这些被遗弃的城市、社区边角空间得到充分的利用；孩子们希望有更多的游憩空间；而改善生态环境，让花园变得更有趣，则是设计的思考。多方的共同参与，最终将花园改造主题定为"可食花园"。在有限的空间里，保留乡土树种，去除入侵物种，引入丰富的花境品种，结合可食蔬果种植，通过转运箱搭建出丰富的立体绿化空间，让这片荒废的小空间成为一个共同搭建、培育、分享、可持续的"可食花园"。

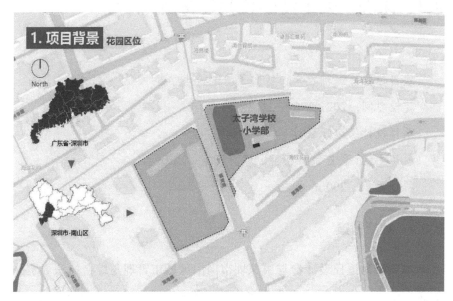

图8-3-1　花园区位

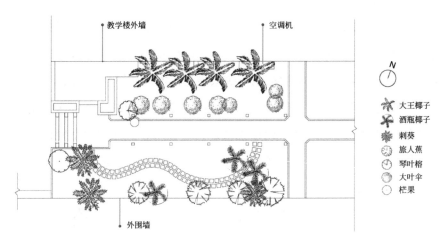

图8-3-2　原始场地测绘图

8.3.2 设计策略

　　共建花园设计改善的不仅仅是花园的环境，更重要的是改善心灵的环境。它就像是一个纽带，将人们联结在一起，通过共同的创造性劳动，让彼此学会互相协助，互相欣赏，互相鼓励，共同成长。针对太子湾学校花园的场地条件，迈丘设计提出"1+1+1"模式，共建共享，组织"迈丘设计团队+学生建构营+自然引导营"，将儿童自然教育融入设计建造活动之中（图8-3-3）。

　　① 1个设计团队：负责设计统筹，完成概念设计、种植品种选择、组织建构活动。

　　② 1个学生建构营：由学校组建4～6组学生团队，年龄10岁以上，参与创意设计，由迈丘设计团队负责讲解、点评、指导现场落地建造。

　　③ 1个自然引导营：花园建成后，由学校组建自然引导营，在改造成果全部呈现后，由迈丘设计团队提供植物科普课堂。自然引导营的成员将成为未来太子湾学校花园的小导游，为参观的人们提供科普讲解。而这将成为太子湾校园共建花园设计的可持续性自然教育理念。

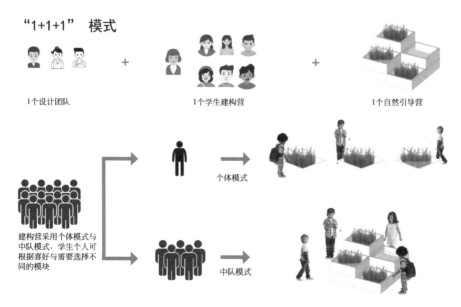

图8-3-3　设计模式分析

8.3.3 设计特色

（1）多样化的认知实践空间

"可食花园"设计充分考虑了未来自然引导营的组建和运作需求，整体景观在现有场地条件的基础上，以转运箱搭建多层次组合空间。共设计休息活动空间、书架、自然艺术创作、花园餐桌、堆肥箱等11个活动区域，在狭小的空间里划分出不同的植物群落，为学生提供多样化的自然认知与实践空间（图8-3-4）。

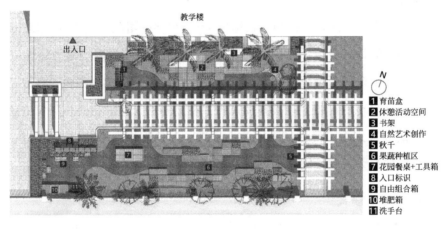

图8-3-4　深圳·太子湾学校共建花园平面图（见彩图）

（2）可食景观与生境营造相结合

"生境"+"群落"是自然生态系统的重要组成部分。在城市环境下，小尺度花园互相联系所构成的绿色空间网络对城市生物多样性发挥着重要保护作用。设计秉持"生境营造"理念，通过景观设计优化生境条件，通过共同搭建创造出与本地生境相适应，兼具功能性、美观度和低维护成本的植物群落景观。改造保留场地中的原生乔木，为鸟类及其他动物提供栖息地；对原有灌木及杂草进行清理、覆土、增植，打造错落的自然花境和人工庇护所，满足不同类型的昆虫和小型哺乳动物栖息。

动物生境

植物生境

食源设计	水源设计	庇护所设计	堆肥箱	底层生境
蓝、黄花吸引蜂类，紫、粉、橙花吸引蝶类，浆果类植物吸引鸟类，为动物提供食物来源	水生种植箱为鸟类等提供水源	南侧利用围栏设置昆虫庇护所	使用堆肥箱产生的肥料代替化肥	转运箱底板空隙渗透阳光，为植物自发生长提供机会，形成底层阴生本土植物生境

图8-3-5 生境设计策略

设计将自然花园与可食农园结合：在中层利用果蔬篮作为搭建的基本材料堆叠成立体的种植空间；在底层，借助果蔬篮通透的箱架，为地面的植物生长支撑出空隙，提供生长支持，形成自然野性的本土生境（图8-3-5）。

（3）可循环利用的创意果蔬篮

300个490mm×350mm×260mm的转运箱成为花园的单元构件，如同乐高积木，组合搭建出立体的植物种植盒子（图8-3-6、图8-3-7）。鲜明的色彩、简易灵活的搭建过程，以及未来便捷的重组可能，满足孩子们对花园的各种想象。选用的转运果蔬篮是可回收的材料，具备造价低、自重轻、承重大、经久耐用、安全环保等特点，极大程度地降低了建造垃圾的产生，可循环使用。箱体开放式的格栅空隙打破了结构的密闭感，让空气、阳光、风与水等元素直接与土壤层接触，为底层阴生本土植物的生长提供了条件。

以模块化的解决方案，将标准箱体化为预制模块单元，通过堆叠、嵌套、组合等方式调整立体展现架构的形式、尺度和韵律，重新定义和丰富这一公共空间。灵活的模块化系统也为实现精细化、可复制性和快速施工提供可能。

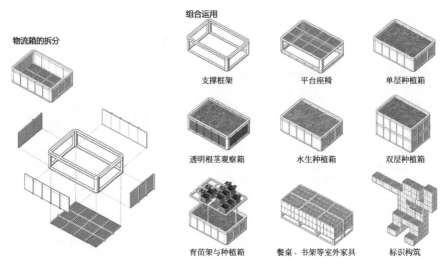

图8-3-6 创意果蔬篮设计分析

图8-3-7 创意果蔬篮应用

（4）可食花园中的自然课堂

将儿童自然教育课堂融入可食花园共建之中。迈丘设计与学生、老师、家长一同开展了可食花园的设计与搭建。通过自然课堂的系列学习，学生们完成了植物认知、花园设计、植物品种学习、团队组织协作、花园建设全过程。用他们的双手亲自触碰自然，抚摸泥土与花朵，感受自然的气息。可食花园成为他们与自然、与彼此联系的纽带。

花园建设初期，邀请孩子共同参与场地调研，通过设计师的现场讲解，孩子们学会认知乡土植物和外来入侵品种。通过"植物大作战"活动，展开了一场生动的植物调查及外来入侵品种清理活动（图8-3-8）。面对清理干净的场地，未来将如何建设，每个孩子都认真写下了自己的心愿，用画笔描绘着自己的梦想花园（图8-3-9）。

图8-3-8 现场植物本底调查

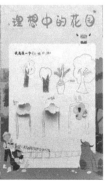

图8-3-9 共绘理想花园

图 8-3-10　可食花园建造

图 8-3-11　花园中的小画家

现场体验、现场学习，是儿童自然教育不可缺少的环节。"共建可食花园"活动传达着让儿童回归自然，成为花园小主人的设计理念。了解植物生长的知识，亲自播撒农园种子，细心呵护它，项目团队用自己的专业力量培育着这份小小梦想，帮助它慢慢变成现实（图8-3-10、图8-3-11）。

8.3.4 建成效果

本次共建花园设计致力于在这小片珍贵的绿地中保留自然的野性，为学生们提供一个亲自然校园，实现城市有序景观与自然野性景观并存的体验。6个月、5场活动、100多人共同参与，项目团队以"儿童＋设计师"模式，基于低成本、低运营、共建共享的策略，完成了一个校园中的"可食花园"设计建造。花园共建的历程是短暂的，但是共建的过程激发了孩子们对校园的认同感和成就感，在心里种下美和爱的种子，这份心灵的触动是长久的。这就是社区共建最大的意义。

狭小的空间保留了孩子们的设计梦想，一个自然的餐桌、一个可以幽静看书的小空间，有秋千在摇晃。太子湾可食花园共建的过程是短暂的，而未来，花园的生长将是可持续的，从设计、共建、落地到维护运营，花园共建不仅仅止步于此。

8.4 上海·创智农园

项目位置：上海市杨浦区伟康路129号

建设时间：2016年8月

项目设计："四叶草堂"设计师团队

项目面积：2200m²

8.4.1 项目背景

创智农园位于上海市杨浦区创智天地园区，占地面积2200m²，为街角绿地。这里原本是一块废弃多年的消极公共空间，是创智天地开发之后剩下的一块狭长形"边角料"闲置地，毗邻若干被围墙隔开的小区（图8-4-1）。2016年，在杨浦科创集团与瑞安集团的委托与支持下，四

图 8-4-1 原始场地

叶草堂作为设计与运营方将这块狭长闲置地改造成了上海市区第一个位于开放街区中的社区花园。目标是以社区绿色空间为载体，以公众参与为主要力量，强调人与自然、人与人的有机互动，促进社会和谐，成为文化复兴与生态文明建设在都市区的缩影。

8.4.2 设计特色

（1）六大功能分区打造城市自然秘境

创智农园以都市农耕体验为主题，用地呈狭长形，总体布局分为设施服务区、公共活动区、朴门菜园区、一米菜园区、公共农事区和互动园艺区。这些区域共同组成了这个与都市繁华截然相反的秘境空间（图8-4-2）。此外，园内还设有垃圾分类箱、蚯蚓塔、各类堆肥设施、雨水收集、小型温室等可持续能量循环设施，提倡环境保护，用对地球友善的态度建设城市景观（图8-4-3～图8-4-5）。

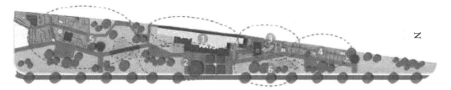

1 设施服务区　　2 公共活动区　　3 朴门菜园区　　4 一米菜园区　　5 公共农事区　　6 互动园艺区

图 8-4-2　创智农园平面图

图 8-4-3　蚯蚓堆肥塔

图 8-4-4　生态水池

图8-4-5 生态水循环系统

　　农园的中心区域是一个小型"社区会客厅",集装箱改造的室内活动空间及公共活动区域位于农园中部,两侧为公共农事区,北部为可食花园区。"社区会客厅"的室内服务与休闲空间中配备了咖啡茶吧、开放厨房、休闲桌椅等。置物架环绕墙面,形成了一个小型的种子图书馆。无论是周边社区居民还是偶然进入的路人,都可在此享受悠然时光(图8-4-6)。

图8-4-6 社区会客厅

图8-4-7　一米菜园

　　环绕着集装箱和活动广场是农园的农艺空间。由于都市里的居民拥有越来越强烈的种植热情与渴望，因此四叶草堂践行朴门永续与环保理念，在农园中设计了四块可供市民参与农艺活动的场地。

　　一米菜园区是最重要的市民农艺活动场地，被分割为38块1m²的正方形小场地，可以以家庭或个人为单位进行认领。认领者可定期在专业植物导师的指导下种植自己喜欢的瓜果蔬菜，定期对菜园主进行专业培训和跟踪服务（图8-4-7）。

　　朴门菜园区是朴门实践的核心区域，由螺旋花园、锁孔花园、香蕉圈、金字塔菜园、厚土栽培实验区等组成，还有一个为农园提供种苗支持的小温室（图8-4-8）。

　　互动园艺区和公共农事区则是可供所有市民共享共建"大众花园"的参与体验区，侧重点根据活动组织各有不同。

图8-4-8 金字塔菜园

　　这些区域种植的大部分是果树、香草、蔬菜和本土传统植物，旨在运用可食景观还原田园乡村的自然风貌。园中应用的果树类植物有石榴、樱桃、猕猴桃等；香草类植物有迷迭香、薰衣草、薄荷、百里香等；蔬菜类植物有葱蒜、豆类、甘蓝类、绿叶菜类等；农作物主要有小麦、水稻等。各类植物按照不同的节气和植物生长习性分布种植于不同区域内，保证一年四季都有适合的植物茁壮成长。在这里，人们体验的是田园之乐，收获的是瓜果蔬菜（图8-4-9）。

图8-4-9 园中的可食用植物

（2）丰富多样的植物生境营造

在植物景观设计中，选择互动性良好的植物材料，让居民可以通过闻味道、触摸、种植、采摘、食用等方式获得丰富的体验。营造生境，不断丰富场地生物多样性，通过本土植物吸引青蛙、蜻蜓、鸟类等动物，促进植物和动物的互动（图8-4-10、图8-4-11）。

图8-4-10　昆虫屋

图8-4-11　小蝌蚪的家——生态水池（见彩图）

（3）参与性的自然活动课堂

创智农园营造了一片开放的绿地，这里有步道、菜园、景观，还有供亲子活动的树皮软木坑和沙坑。通过集装箱改造形成了室内交流空间，并举办自然教育课堂、专业沙龙、趣味讲座、手作工坊等丰富的活动，吸引了教师、学生、学者、艺术家、普通居民等各类人群的参与（图8-4-12～图8-4-14）。农园中定期举办各类社区营造活动，包括专业沙龙、农夫市集、植物漂流、露天电影等。

图8-4-12　农夫市集

图8-4-13　社区花园种子接力站

图8-4-14　创智农园中的人们各得其乐

　　针对不同人群特征，组建了儿童团、妈妈团、读书会、花友会等小组，并不定期举办夏令营、种植采摘等丰富的活动，不断促进人与自然的联系以及人与人之间的互动（图8-4-15）。

图8-4-15　社区花园节

（4）社群性的驻地营造管理

创智农园是一个富有活力的引力空间，是周边不同小区居民集合互动的场所。最先，组织者通过在自然教室、睦邻中心等门口张贴海报和网络宣传等方式吸引居民参与进来。后来，逐渐形成了社区营造工作站，并在网络上构建创智农园社区共建群，通过线下发布、网络社群等方式来组织居民活动，不断激发居民的热情，让更多居民参与到活动的组织和管理中来，并且尝试引进一些专业志愿者为居民提供服务。

8.4.3　建成效果

创智农园建成后，经过不断探索和实践，以可食景观为载体，通过组织相关农事活动及互动活动，让社区花园的功能一个个得以实现，使更多的公众参与进来。一些社会公益团体也被吸引到此，利用农园的场地空间开展活动和教育；一些社区居民也慢慢加入进来，主动参与到日常空间管理与维护的过程中。从2016年6月开始，四叶草堂创智农园社区自然教育项目定期组织开展自然保育和营造活动，和社区居民们共建共享社区农园，了解农作物从种子到食物的奥秘，举办社区分享活动，以珍惜、感恩的态度对待食物。在共同探索自然世界的过程中，找回人和土地最深切的联结，建立人与自然、人与人的情感纽带，实现"照顾人、照顾地球、分享多余"的美好价值。

8.5　广州·卡拉的可食花园

项目位置：广州市越秀区爱国路11号

建设时间：2022年2月

项目设计：SeeD Studio

项目面积：200m^2

8.5.1 项目背景

卡拉的可食花园位于SeeD可持续空间的屋顶及一层院落空间，由SeeD席地团队共同设计与管理（图8-5-1）。SeeD席地是一个从食物循环角度关注可持续生活方式的品牌。食物循环链条里包含食物的产生、食物的使用和循环过程中废弃物的再生利用等。其中，食物的产生是最重要的一个环节，在城市这样一个远离自然、远离农耕的环境中，如何生产健康的食物，如何开展生态化的城市种植是团队关心的议题。团队成员希望通过营造可食花园来开展城市种植，用一种新的视角和身体力行的方式去诠释可持续生活理念。

图8-5-1 卡拉的可食花园一角（见彩图）

8.5.2　设计特色

（1）项目选址注重邻里体验

项目在建设初期的选址中充分考虑可食景观的可参与性与社区价值，选择在华侨新村的这个老社区开展可食景观营造，因为这里有一定的户外用地空间，为可食花园的建设提供场地支持。更重要的是，这里的社区特性有别于大城市的新型封闭式小区，这里仍然保留着比较亲近的邻里关系，人与人之间的关系融洽，希望可食花园能被更多的人看到，同时带动邻里参加共创。通过一个小小的可食花园营建，促进邻居关系的发展，探索社区生活中的可持续发展方式。

（2）尊重每个生命的价值，建设生态花园

卡拉的可食花园在管理上不追求最佳的作物生长状态，一切顺其自然，花园里的植物都不是完美状态。当发生轻微的病虫害时会先观察，不太严重的就不进行人工干预，让自然给予最真实的管护。花园的主人认为，如果一件事太累了就会难以坚持，所以偶尔偷懒其实是坚持的良方。

图8-5-2　昆虫旅馆

不打药的可食花园，虫子同样也觉得"可食"。为了减少虫害，花园的主人尝试了多种有机生态的方法和虫子斗智斗勇，还创造合适的条件"请"了虫子的天敌来帮忙。采用引进草蛉幼虫防治白粉虱，挂赤眼蜂的虫种牌防治贪夜蛾、小青虫、食心虫，撒上混有捕食螨的木屑来防治红蜘蛛、蓟马等生态治理办法。为了吸引更多小昆虫来花园玩耍，

还用小原木、大木棍、松果给昆虫做了旅馆（图8-5-2）。各种小昆虫也来玩了，花园也就逐渐形成一个小小的循环生态圈。大自然本就如此，每个生命都有存在的意义，这样才可以达到生态的平衡。

（3）多样化的设计尝试

卡拉的可食花园分为两大区域：屋顶花园区及一楼菜园区充分利用地上及建筑屋顶空间开展种植活动，主要采用"见步行步"的设计方法（图8-5-3）。因为没有专业的景观设计和种植背景，团队成员经常会遇到新的问题和挑战，大家一边调整一边应对新的问题。

由于种植面积有限，设计中会更大限度地运用"混种"的概念，采用两种或两种以上的作物混合种植，达到良好的植物共生状态。通过不断的尝试，在有限的土地里种植更多的品种，一方面提高了土地的使用率，另一方面让更多的物种参与生态环境构建（图8-5-4）。多样性的植物景观更具备观赏的教育科普意义，也会使土壤处于更为平衡的健康状态。花园共计种植100余种植物，如小桑葚、番茄、柠檬、茄子、西瓜、胡萝卜、薄荷、罗勒、迷迭香和欧芹等。

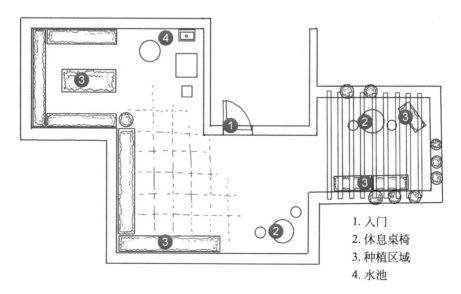

1. 入门
2. 休息桌椅
3. 种植区域
4. 水池

图8-5-3 屋顶花园平面图

植物	共生植物	预防疾病	规避虫害	促进生长	活用空间	接力栽培
草莓	大蒜、大葱 匍匐百里香	✓	✓	✓	✓	
四季豆	芝麻菜、茄子 苦瓜、玉米		✓	✓	✓	
毛豆	玉米		✓	✓		
	薄荷		✓			
	红萝卜		✓	✓		✓
	大白菜			✓		✓
南瓜	大麦	✓		✓		
	大葱	✓		✓		
	玉米	✓		✓	✓	
	洋葱	✓		✓	✓	✓
	茄子	✓		✓		✓
茄子	香芹		✓	✓	✓	
	韭菜	✓	✓			
	洋葱	✓				
	生姜			✓	✓	
番茄	罗勒		✓	✓		
	韭菜	✓	✓			
小黄瓜	大葱	✓				
	大蒜	✓		✓		✓
	燕麦	✓	✓			

植物	共生植物	预防疾病	规避虫害	促进生长	活用空间	接力栽培
白萝卜	万寿菊		✓	✓		
	红萝卜		✓	✓		
	芝麻菜		✓	✓	✓	
	高丽菜	✓				✓
葡萄	车前草	✓				
	酢浆草		✓			
秋葵	豌豆			✓	✓	
	大蒜	✓		✓		✓
西瓜	大葱	✓				
	大麦	✓		✓		
	菠菜			✓		✓
大白菜	金莲花		✓			
	莴苣		✓			
	燕麦	✓	✓	✓		
樱桃萝卜	罗勒		✓			
	红萝卜		✓	✓		
菠菜	小香葱	✓		✓		
	十字花科蔬菜			✓	✓	✓
	西蓝花			✓		✓
番薯	紫苏		✓	✓	✓	
	四季豆		✓	✓	✓	
	白萝卜			✓		✓
茼蒿	十字花科蔬菜		✓			
	罗勒		✓			

图8-5-4　共生植物组合表
（适合混种的组合以及所期待的效果）

图8-5-5　室内的水培可食景观

图8-5-6　迷你香草花园

充分利用室内外的空间布置景观，如厨房、窗台，甚至办公桌上，只要有条件的地方，想方设法都种上好吃、好看、好闻的各类植物。室内种植为了营造更方便、干净的种植环境，主要运用玻璃种植容器，尝试不同的水培饲养方式（图8-5-5）。

在室外可食景观的设计中采用多元化的设计手法，如蔬菜组合盆栽、迷你香草花园、一米菜园、生态缸、砖砌香草花园等（图8-5-6～图8-5-10）。在小小的一方天地中打造多样化的景观体验，每一个角落里都洋溢着主人对于自然的热爱和向往，同时也为伙伴们提供了健康的食材。比如煎牛排，一次只用一根迷迭香，但从超市买回来的都是一大包。于是栽种更多种类的香草，就避免了购买香草分量大、用不完浪费的情况，还可以每次都用到非常新鲜的香草。工作日的午后，亲手摘下香草花园中的一片薄荷，让它的味道浸满整杯温水，读上几段心爱的文字，随手折下几棵桑葚，犒劳一下辛苦了一上午的味蕾，这何尝不是一种享受？

图8-5-7　番茄大集合

图8-5-8　蔬菜组合盆栽

图 8-5-9　一米菜园

图 8-5-10　砖砌香草花园

（4）参与式设计打造物尽其用的可食景观

在SeeD席地团队的精心照料下，可食花园日渐丰满。慢慢地，花园在社区中小有名气，附近的居民知道了这个院子种的是些好看、好吃的植物，会经常过来了解生长情况，也会有一些做种植的邻居送来菜苗，或者交换菜苗，还有喜欢昆虫的小朋友定期过来观察和捕捉虫子。

对于花园主人来说，和街坊邻居以物易物、各取所需，是件很有趣的事情。花园里的茄子丰收了，培育出一批茄子小苗。为了更好地和邻居们共享丰收的喜悦，带领大家共同参与可食景观的家庭营造，在花园门口搭建了无人自助换物摊，街坊邻里只需要用清洗干净的蛋壳便可进行交换（图8-5-11、图8-5-12）。

在可食花园的建设过程中，也对场地内原有旧物进行充分利用，如将损坏的木梯子做成花架，将废旧的门板做成围墙，将奶茶杯改造为花盆。厨余垃圾同样也可以回收利用、变废为宝。菜叶果皮等，收集起来制作发酵液肥、堆肥或者饲喂蚯蚓（图8-5-13、图8-5-14）。

图8-5-11 自主交换站　　　　图8-5-12 蛋壳投放处

图 8-5-13　厨余堆肥　　　　　　　　　图 8-5-14　自制果皮酵素

8.5.3　建成效果

　　这个可食花园是一次尝试，设计团队想关注食物循环就无法避开食物种植，大家从零开始学习与实践。它的价值不在于能多专业、多高产，而是探索可食景观背后的价值。周边的邻居开始频繁来花园里交流，甚至交换植物品种和一些堆肥材料。通过可食花园的营造，大家更加了解土壤、微生物等作为城市人平时容易忽略的话题，也从种植者的角度更了解和珍惜食物。

　　当然作为房子的一部分，无论是一楼花园还是天台花园，都出色地完成了景观上的转换。团队成员会愿意花很多时间在花园中与植物相处，有可食用植物环绕的环境，视觉和安全感都得到了满足。

8.6　杭州·乡里共生生态农场

　　项目位置：浙江省杭州市余杭区良渚街道新港村

　　建成时间：2021年9月

　　项目设计：乡里共生生态农场食育工作室（郝佳佳、陈小龙、赖永馨）

　　项目面积：20亩（1亩≈666.67m²）

8.6.1 项目背景

> 乡村是真实的自然里的物，
>
> 以及还继承着自然规律为生的原住民。
>
> 当我们以城市人的逻辑、
>
> 知识体系去构建新的乡村时，
>
> 乡村最珍贵的真实已经不再真实。

乡里共生生态农场位于杭州市余杭区良渚街道新港村（图8-6-1）。北接苕溪与东明山，为人与动植物提供了一处绝佳生境，西临瑶山祭坛遗址与良渚遗址公园，该区域为五千年良渚文明遗址保护地域所在。农场以构建可持续的生活系统为原则，通过生态种养，学习并观察自然美学而非人类美学的设计思考，探索人与环境和谐共生的乡村田园低碳路径。充分利用本地遗址文化、传统文化与现代文化结合的区域文化优势，将生态与人文融合发展，创新乡村文明与生态文明新方向。同时，

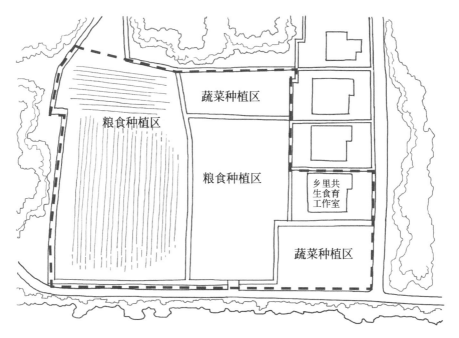

图8-6-1 乡里共生生态农场平面图

通过可食景观营造，在农场落地食育工作室，结合劳动教育、生活教育与其他先进教育理念，将农场与教育相结合，为学校与社会提供丰富的食育产品与服务，争创多元农业发展的创新实验区。目前农场可提供的产品服务有：生态农产品及其加工品、本地传统食品、生态农业与食育的相关技能等学习培训，及文化展览、生态市集等（图8-6-1）。

8.6.2 设计特色

8.6.2.1 千年良渚文化的传承与创新

良渚文化，是距今5300～4000年前后环钱塘江分布的以黑陶和磨光玉器为代表的新石器时代晚期文化，因1936年首先发现于浙江良渚而得名。良渚文化时期稻作农业已相当进步，从出土的大量三角形石犁等农具看，良渚人已摆脱一铲一锹的耜耕而率先迈入了连续耕作的犁耕阶段，从而为当时社会的繁荣奠定了雄厚的物质基础。稻谷有籼、粳稻之分，并普遍使用石犁、石镰。良渚文化的手工业也有很高的成就，玉石制作、制陶、木作、竹器编织、丝麻纺织都达到较高水平。

良渚文化中所蕴含的大规模稻作农业、食器陶器及丰富刻画符号中所反映出的当时的饮食生活，成了连接今天当地人生活的重要介质。在乡里共生生态农场的设计过程中，当地儿童、设计师与手工艺者共同参与，最终形成了同时呈现良渚古今文化的以食为桥的连接，并尝试挖掘更多食物与乡村、文化深层次的关系。为了更好地以"食物"为载体，传承良渚的千年文化，农场开展了不同类型的文化创新活动。

（1）古艺新学

良渚古城不只是一座遗址，也是中华文明的一部分，更是一个历经沧桑的文化宝库。古艺新学研学项目把那些传统的甚至因为过于久远而被埋藏的文化，重新拿出来讲，拿出来学，拿出来与现代文明相交汇，碰撞出新的内容。项目邀请生活在当地的新锐设计师带领大家以沉浸方式去学习和感受良渚文化，设计师对于文化的敏感性潜移默化地影响着孩子们。参与者开始还不清楚如何从设计的角度提取良渚的符号，而设计师们就那样自然而然地临摹描绘刻画符号、形状、结构，大家便也开始跟着一起临摹描绘（图8-6-2）。当设计师们呈现出他们对于良渚符号的理解，孩子们便默默观察，呈现出一种与年龄不相符的安静与专注。孩子不只是在学习良渚，而是通过设计师的眼睛和手在理解良渚。设计师带领大家参与陶艺制作，用手作的方式去感受深厚的良渚陶器文化（图8-6-3）。

图8-6-2 临摹、刻画良渚符号

图8-6-3 感受陶器之美

（2）乡里秋社

俗话说"一年三次饱——过年、生日和尝新"，说的就是人们在每年的这三天都可以饱餐一顿。每年收获时节，新谷上场。饭熟开锅时，主人将第一碗米饭盛碗焚香供奉天地、堂前、灶神，祈求风调雨顺、人畜平安。众人开吃之前，须由最长者先食一口。此风俗延续至今，是良渚一带传统文化风俗之一，表达了人们敬畏自然、感恩天地、共庆丰收之意，也体现了尊老敬老之风。对辛苦劳作的稻农来说，尝新米不仅仅是对自己一年风里来雨里去的奖赏，也是对家人和员工一年来齐心协力辛勤劳作的犒劳。

人们在稻田里操办秋社活动，举行"吃新米"仪式，在稻田里割稻打稻（图8-6-4），邀请村里的乡亲们和村外的亲朋好友们一起聚在这里办宴席。因为大家共同有一个叫作"米"的根，这是中华民族共同的根。良渚是有五千年文明史的胜地，这里最重要、最具有代表性的史实就是大规模的水稻种植。人们可以在这种可食景观的自然环境中和乡亲们一起品味"第一碗米"带来的"良渚味道"（图8-6-4）。

图8-6-4　稻田里共品新米

8.6.2.2 "乡里共生"与食物

乡里共生是一个关注食物与乡村文化关系的项目。正如马克思主义生态学中社会新陈代谢论述里的代谢断裂，更多的人口从乡村迁移至城市，既带来了物质层面的断裂，例如我们看不到自己的食物从哪里来以及垃圾去往哪里，也带来了非物质层面的断裂，包括认知断裂、文化断裂、社会断裂以及个人断裂，例如文化断裂中移民过程丢掉的文化身份，以及社会断裂中被工业和商业把持的食物系统等。

良渚自然食育系列课程，是以杭州市余杭区良渚街道新港村乡里共生生态农场的在地生态种植经验与本地良渚遗址文化挖掘为基础开设的一系列针对城市儿童与青年的食育课程与食育行动。旨在通过食物连接自然与文化，培养儿童的智识与能力，守护青年的身体、心理与精神健康，建设一个基于五千年中华文明实证的自然学校与心灵居所。

课程涵盖良渚自然食文化系列课程、良渚传统劳动系列课程、良渚自然美育与儿童戏剧系列课程等。课程设计包含三个要素，即食物、自然、文化。食物是人获取能量的必要来源，也是能给人全感官刺激的载体。自然是人最初的居所，也是食物的生长之地。而文化是连接过去与未来，千千万万人汇聚而成的精神，既让人们知道自己从何而来，也能指引人们走向何处。而只有这三者的结合，才能让人们在食物所带来的世界中被滋养。

8.6.2.3 多元化的可食景观经济模式

乡里共生除了丰富的活动与课程体系之外，还保留了传统的农场经营模式，包含稻米、蔬菜等食材的售卖以及认同农场生态种植理念的共同种植伙伴的招募。并在种植过程中坚持以下原则：

① 选择国家一级稻米品种进行种植；

② 遵循本地农时进行种植；

③ 采用多种蔬菜及其他植物休耕、轮耕、套种等种植方式；

④ 结合东明山与苕溪的原生生态环境，引入多种昆虫、鸟类的综

合病虫害防治模式；

⑤ 遵循不使用农药、化肥、除草剂、地膜、人工合成激素与转基因种子的原则；

⑥ 种植过程采用附近来源安全的羊粪、菜籽饼、花草、植物酵素等动植物有机肥料；

⑦ 为保证稻谷健康成长减少病虫害，采用较疏的种植密度；

⑧ 在稻谷蔬菜的全生命周期使用东苕溪水进行灌溉；

⑨ 杂草以人工清除为主，结合生态多样性保留；

⑩ 使用良渚人传统的种植方式。

通过这样的方式种植而来的稻谷、蔬菜等都是非常健康的食物。这样的健康既是对于人类而言，也是对于自然空间中的其他生灵而言。农场不只是在进行一种绿色食物的生产，而是基于这个地区全生态的考量而劳作。

除了这些最终的"结果"，也开放了农场中的土地，招募愿意认同这个理念的"土地合伙人"，来到农场以同样的理念进行种植：

① 随时随地来到土地进行耕作与采收，享受土地之趣；

② 地块由乡里共生生态农场提供清单，可根据自己的种植喜好自行选择；

③ 一年四季提供日常的基本浇水服务，频率根据季节、降雨等情况确定；

④ 一年四季根据农时，提供4次以上统一的种植，种植品种宜时宜地统一选择；

⑤ 农场将提供时价的有机肥料、蔬果种子等，可在农场便利地直接购买；

⑥ 农场将不定时举办各种学习、培训活动，涵盖内容丰富，土地合伙人在同等情况下优先报名，且享有土地合伙人福利；

⑦ 可享受农场内的食物交换，如果需要购买额外的粮食、蔬菜，

将享有土地合伙人福利；

⑧ 可享受农场的其他公共服务与空间。

8.6.2.4　可食景观中的儿童食育教育

"食育"一词，最早于1896年由日本著名的养生学家石冢左玄在其著作《食物养生法》中提出。石冢左玄说："体育智育才育即是食育"。2005年日本颁布了"食育基本法"，将其作为一项国民运动，以家庭、学校、保育所、地域等为单位，在日本全国范围进行普及推广，通过对食物营养、食品安全的认识，以及食文化的传承、与环境的调和、对食物的感恩之心等，来达到"通过食育培养国民终生健康的身心和丰富的人性"这一目的。

民以食为天，教以育为先。教育离不开烟火气，而食育则藏在生活中最平凡的烟火气里，藏在孩子美好的生活里。从一日三餐吃什么、怎么吃，到健康饮食、科学饮食；从"一粥一饭，当思来处不易"到"饮食约而精，园蔬愈珍馐"，食育渗透于儿童生活的方方面面。当然，"食育"并不仅限于带孩子们去烹饪或者品尝美食，更重要的是从孩子的真实生活出发，参与和体验与食物有关的一切日常活动。食育教育的对象是每一个人，不仅仅局限于儿童。加强食育教育可以减少由饮食不当带来的疾病，减少食物的浪费，提升人们的健康水平和生活质量。食育教育的内容包括传承传统的膳食文化，普及膳食的基本元素和安全知识，培养健康、均衡的膳食行为，树立与生态协调的意识，感恩食物母体系统提供食物，培养合理膳食的基本技能，以及培养对食物的审美鉴赏能力。

乡里共生生态农场在设计及运营过程中注重在行动层面开始家庭养育实践，提倡孩子自己动手参与关于家庭饮食的整个过程。家庭中的成年人也乐于为孩子创造一个儿童友好的参与环境，从而让孩子在参与过程中获得基本的生活技能、有趣的学习体验，以及能应对未来无限可能的健康体质与精神世界。通过农场中的稻田、绿色果蔬、自然环境中的可食景观带领孩子身体力行地参与到食育教育实践中，开展了"新港河流边的植物调查""秋日山食营"等活动（图8-6-5～图8-6-8）。

图8-6-5　植物调查之户外探险

图8-6-6　植物调查之植物风琴小书

图8-6-7　秋日山食营之食材烹饪

图8-6-8　秋日山食营之寻找可食之景

8.6.2.5　没有设计图纸的设计

在乡里共生生态农场中很多设计都是现场生成的，不是一个先设计再实施的过程。设计中有意识地回避传统的横平竖直的生成逻辑，而是运用了更多自然曲线的逻辑（图8-6-9）。现场设计的逻辑有很多考量，比如有些区域靠近池塘要考虑后续使用，有的区域要考量尺度上符合小朋友的参与需求。

传统生产型的种植主要是围绕生产展开的，所以更多是横平竖直、便于人工和机械操作的。但这样的设计其实并不利于除了以生产为中心的其他农田活动。比如当一个种植的新手需要更多观察所种植的植物时，窄小的道路、低矮的种植就会产生阻碍。如果希望让来参与种植的伙伴有更多的观察机会就需要有更多的观察空间，让植株可以从前后、左右、上下不同的角度被观察，也包括抬高种植地块，让观察更容易

图8-6-9　设计运用了更多自然曲线

发生。

另外，种植过程也不仅仅是把土地作为一个整体考虑，而是哪怕再小的地块也有其本身的微气候。比如靠近池塘的区域，就会更多考虑种植水生植物的地块设计；而靠近树木的区域，树木会遮挡一部分阳光，也会对风产生一定的遮挡，因此就要考虑种植一些耐阴的、不喜风吹的植株进行地块设计；等等。

除了功能性的考量，从审美上也考虑减少了常用的直线、直角的设计，而更多地采用了曲线方式进行连接。让整个地块从审美体验上与其设计需求保持一致，成为一块人类参与学习的生态种养空间。

8.6.2.6 对土地与食物的关爱

乡里共生生态农场的种植有两条重要的脉络，一个是对于不同农法的学习，包括技术农法、自然农法、朴门农法、生物动力农法等，根据农场所在地块的具体情况进行适合的考量与实践；另一个是对于本地传统农业习惯的学习，因为正在从事农业工作的村民，经历过早先传统循环农法的时期，所以可以慢慢复现一些传统的方式。

在以上这些农法技术与理念的指导下，再根据周边的包含苕溪、东明山的实地考察，做了关于动植物的调研之后，综合研判而成了适合在当前地块进行的种养方式。并且在这个过程中，会邀请本地村民共同参与这个种植实践过程，使这样一个项目的实践可以在本地村民的经验中不断验证，也同时让这样的实践经验重新出现在本地种植者的视野中。

8.6.3 建成效果

乡里共生生态农场是一个侧重于实践的场域，力争做到将遗址文

化、传统文化与现代文化相联系，将传统的以生产为核心的农场转换成
以教育为核心的农场，实践了一种非以人为中心而是兼顾生态中各个物
种的种养模式，将食物、自然与文化三者结合构建最适合学习者学习的
课程体系，让新村民与老村民基于各自的优势共同劳作并形成长久的合
作等。

图8-6-10　农场可食景观

　　作为天然的可食景观形式，乡里共生生态农场更关注更深层的系统性的乡村、文化、生态与教育问题，是在可食景观基础上探索出的一种以食物为纽带的乡村与城市共生、历史与现代文化共生、人与自然共生的发现之旅（图8-6-10、图8-6-11）。

图8-6-11　秋日麦田（见彩图）

8.7　大连·向日葵农场

项目位置：辽宁省大连市金普新区七顶山街道大莲泡村

建成时间：2013年5月

项目设计：向日葵农场设计团队

项目面积：40000m²

8.7.1　项目背景

向日葵农场位于海滨城市大连，项目选址于乡村之中，场地周边为原生态的农耕村庄，地势平坦开阔。设计保持了场地内原有的农耕特色，运用可食景观理念打造"离家不远的田园之境"，让城市中的人们可以真正回归自然，回归自我；为孩子们打造"自然补习班"，通过带领孩子们参与可食景观的建造及创意活动，让他们对陌生的事物不断地产生好奇，尊重自己的认知并学会判断，在自然中开展食育教育。在深耕农场景观与活动的同时，团队不断探索农业发展模式，提出"三维立体农业模式"理念，助力大连地区特色农产品推广与销售，带动周边地区农民共同致富。

8.7.2　三维立体农业模式

农业可以承载的东西很多，要注重农业的功能性，不能只看到一块土地的最基本价值——种植、收货，要从多个角度来开发和利用土地的价值，以提高土地的附加值。

向日葵农场"跳出农业看农业"，拓展了生产经营思路，将农业相关产业链拓展到一、二、三产业中。在农业项目的土地上，运用三维立体模式,设计农场室内外景观,完善场地规划,设计多元化的业务模块,实现融合发展。在每个业务模块上建造上层内涵,如文化、教育、服务等。为农业项目土地拓展升值空间,为产品增加附加值,最终实现可持续发展的农业项目。

在农场的整体设计中营造体验式生态环境,建立"农业+自然教育、农业+文化、农业+休闲"模式,充分运用乡村土地原始的生产功能打造可食景观,围绕着绿色食物从种植到管理、收获、品尝,再到开展各类项目的运营。以向日葵农场为依托,团队开展建筑改造、自然教育研学活动、自然教育课程体系构建、大连特色农产品供应链管理、农业技术培训等活动。

8.7.3 设计特色

8.7.3.1 在乡村土地上慢慢生长的设计

向日葵农场的整体规划与设计并没有聘请专业的设计团队,农场的每一位建设者都是设计师。设计每时每刻都在发生着,没有专业的规划图纸,团队成员根据农场及客户的真实诉求,充分利用乡村各类资源,用发展的眼光诠释设计与农场的关系。

向日葵农场总体设计共分为四大功能区,即生态有机蔬菜采摘区、无动力游乐区、综合服务区、户外共享区。

(1)生态有机蔬菜采摘区

生态有机蔬菜采摘区内种植各类可食用植物,致力于打造综合性的可食景观体验区,建有粮食花园、香草花园、蔬菜花园、染料花园等特色景观,在为市民提供绿色有机蔬菜的同时,可以开展食育教育、自然科普、生态采摘等活动(图8-7-1、图8-7-2)。

(2)无动力游乐区

无动力游乐区主要利用场地内现有水系,设计儿童戏水池及无动力游乐设施。无动力游乐设施是指不带电动、液动或气动等任何动力装置

图8-7-1　向日葵农场手绘地图

图 8-7-2　蔬菜花园

的游乐设施。此类设施具有安全系数高、使用周期长、维护成本低、娱乐性强、互动性好等优点。相较于过山车、旋转木马等这类将人安置在设备中让人"被动"游玩的游乐设施，在无动力游乐设施游玩的孩子们可以根据不同年龄、不同时段、不同心情创新玩法，在主动游玩过程中孩子们之间也更容易产生互动。孩子们可以通过掌握平衡、攀爬等技能获得极大自信，或在与同伴商量、解决问题的过程中感受与他人合作的重要性。

（3）综合服务区

综合服务区内设有住宿服务区、农夫食堂、自然教室等，为客户提供住宿、参与、休息、交流等空间。

（4）户外共享区

户外共享区设有观景台、农夫市集、集装箱烧烤区、木屋露营地、桃林、鸡舍、猪舍等区域，为客户提供多样化的休闲空间（图8-7-3、图8-7-4）。在户外共享区可以开展各类集体或自发性活动，为不同年龄段、不同数量群体提供差异化活动空间。

图8-7-3　形式多样的农场木屋

图8-7-4　农场烧烤

设计尊重场地原有自然资源，更好地保护乡村自然景观。保留场地内原有黄桃林，充分挖掘桃林价值，在桃林中营建木屋，开辟桃林露营地，打造令人向往的乡村生活场景（图8-7-5）。每当桃花盛开的时候，是农场最美的赏花季，于木屋中品上一杯清茶，呼吸着淡淡花香，悠闲的鸡鸭漫步林间。每当黄澄澄的黄桃挂满枝头时，农场的黄桃采摘、手工黄桃罐头制作便吸引了很多城市人的目光，绿色农场黄桃罐头也成为农场的美食主角。掉落满地的破损黄桃又成为农场里散养鸡鸭最丰盛的"下午茶"。设计保留了场地内原有的河流，并进行了最小干预的设计，增加了一处乡土气息十足的水龙头，让这条处于低处的溪水成为孩子们的乐园。

图8-7-5　桃林美景

向日葵农场的设计是在时间的慢慢积淀中成长起来的，与常规的景观设计相比多了一分耐心，多了一分执着，在空间的规划与景观的营造上做了很多留白处理。无论何时来到农场，都会有全新的发现和感悟。

8.7.3.2 多样化的可食景观体验

以可食景观为载体，向日葵农场提供多样化的活动体验和课程体系。主要活动分为七大板块：四季农耕、四时食育、自然科普、自然美学、生态生活、农场营地、园艺建造。

图8-7-6 农场运动会

可根据客户的需求进行私人化课程与活动定制，也可以根据农场内已有课程内容进行选择性参与。根据不同的节气与农业种植计划开展相关的农事活动，在利用可食景观开展乡村体验项目的同时，不断开发具有向日葵农场特色的活动内容，如农场运动会、木屋搭建、包槐花饺子等（图8-7-6～图8-7-10）。

图8-7-7 大连特色美食——槐花饺子

图8-7-8　耕读生活体验——我与小麦

图8-7-9　木屋搭建营

图 8-7-10　收集秋天食物活动

8.7.3.3　贴近自然的设计创意

在乡村的改造与设计中，更多的应该是去"还原"和"保护"。向日葵农场在不同景观节点的营建中注重对本土场景的还原设计，运用团队的集体智慧打造每个角落、每样家具，充分挖掘乡村特色，致力于打造具有地域乡土特色的农场景观。

（1）建筑改造设计

户外共享区利用废旧集装箱搭建农场标志性建筑，将两组集装箱错位堆叠，通过外楼梯连接两层室内外空间，形成富有动感的建造立面空间。下部可以形成半室外休息区，上部形成二层室外露台，便于俯瞰农场景观。户外主要提供露台烧烤、星空天影院、帐篷宿营等活动（图8-7-11、图8-7-12）。

图8-7-11　帐篷宿营地

图8-7-12　集装箱建筑（见彩图）

借助原有场地内的桃林营建桃园木屋区，各种形态各异的田园木屋点缀于桃花林中，为不同的客户提供休息、家庭聚会、企业团建等活动及休憩空间，形成了别具特色的农场空间。为了更好地将农场中可食景观生产出的蔬果和粮食与朋友们分享，将原有库房进行全面改造，打造具有本土地域特色的"农夫食堂"，让大家可以更好地品尝农场绿色食材，让可食景观不仅能赏、能学，同时可以打开味蕾，品味劳动的价值（图8-7-13）。

图8-7-13　农夫食堂特色美食

（2）装饰小品设计

在向日葵农场室内外装饰品的设计中，团队成员通力合作，就地取材，充分挖掘场地内部及乡村本土材料特点。边设计，边制作，创造性地为环境增加新鲜元素和全新的装饰小品。干枯的桃树枝、金黄的玉米穗、破旧的铁桶等都能成为农场中不一样的风景（图8-7-14 ～图8-7-16）。

8.7.4　建成效果

随着城市近郊区旅游业的不断发展，城市居民在周末和节假日对于休闲娱乐、田园体验旅游的需求与日俱增，城市近郊游憩空间拥有更为广阔的空间和自然资源，能有效解决城市内部游憩空间的紧张问题。短期、近距离的城市近郊区旅游逐渐成为旅游业的发展新方向。向日葵农场位于大连市城郊，距离市中心区域30km，能够满足城市居民对于自然田园生活的向往，乘车一小时左右便能领略真正的乡村风貌，体验可食景观带来的放松与慰藉。

图8-7-14　枯枝改造灯具　　　　　　　图8-7-15　旧轮胎改造的装饰物

图8-7-16　秋收果实装饰的景观小品

　　向日葵农场的各项活动紧紧围绕传统农耕文化，结合大连地区特色可食用植物开展"春种、夏长、秋收、冬藏"等主题活动，累计开展了150余场食育教育及团建活动。在可食景观设计中保留原有乡村特色，提炼乡村经济和文化价值，关注市场需求变化，适时引入满足城市人群需求的活动项目和服务内容。通过不断探索和实践，为大连的乡村振兴助力，同时带动周边农户的农产品销售增收。

参考文献

[1] 石笑娜. 基于可食地景与乡村景观耦合分析的休闲农业园区规划设计研究与综合评价 [D]. 滁州：安徽科技学院，2020.

[2] 李自若，余文想，高伟. 国内外都市可食用景观研究进展及趋势 [J]. 中国园林，2023（5）：88-93.

[3] 贺慧. 可食地景 [M]. 武汉：华中科技大学出版社，2019.

[4] 李园. 从"可食地景"到"可食园林"——城市园艺设计的新方向 [J]. 中国园艺文摘，2016（10）：125-127.

[5] 唐学山，李雄，曹礼昆. 园林设计 [M]. 北京：中国林业出版社，1997.

[6] 理查德·洛夫. 林间最后的小孩 [M]. 自然之友，王西敏，译. 北京：中国发展出版社，2014.

[7] 姚亚男，李树华. 基于公共健康的城市绿色空间相关研究现状 [J]. 中国园林，2018（1）：118-124.

[8] 雷茵茹，吴慧. 可食用花园建设的现状、问题与发展趋势 [J]. 黑龙江农业科学，2022（2）：107-112.

[9] 魏兰君，廖怀建. 乡村可食景观的应用模式探索 [J]. 农业与技术，2023（5）：93-98.

[10] 曾小冬，刘青林. 可食景观 [M]. 北京：中国林业出版社，2018.

[11] 付彦荣. 常见蔬菜图鉴 [M]. 南京：江苏凤凰科学技术出版社，2017.

[12] 翟美珠，赵丽娜，暴雅娴. 基于"可食地景"的农村生态景观保护与修复研究 [J]. 住宅与房地产，2019（2）：215-216.

[13] 刘悦来，魏闽. 共建美丽家园：社区花园实践手册 [M]. 上海：上海科学技术出版社，2018.

[14] 候婕. 城市居住区中生产性景观的可行性分析与设计研究 [D]. 西安：西安建筑科技大学，2017.

[15] 马明, 蔡镇钰. 健康视角下城市绿色开放空间研究——健康效用及设计应对[J]. 中国园林, 2016 (11): 66-70.

[16] 王鹏, 郭丽. 国外农业与食物伦理教育的发展与启示[J]. 中国食物与营养, 2011 (9): 21-23.

[17] Wakefield S, Yeudall F, Taron C, et al. Growing urban health: community gardening in South-East Toronto[J]. Health Promotion International, 2007, 22 (2): 92-101.

[18] 针之谷钟吉. 西方造园变迁史[M]. 北京: 中国建筑工业出版社, 1991.

[19] 米满宁, 张振兴, 李蔚. 国内生产性景观多样性及发展探究[J]. 生态经济, 2015 (05): 196-199.

[20] April Philips. 都市农业设计: 可食用景观规划、设计、构建、维护与管理完全指南[M]. 申思, 译. 北京: 电子工业出版社, 2014.

[21] 任栩辉, 刘青林. 可食景观的功能与发展[J]. 现代园林, 2015 (10): 737-746.

[22] 刘宁京, 郭恒. 回归田园——城市绿地规划视角下的可食地景[J]. 风景园林, 2017 (9): 23-28.

[23] Village Homes: A case study in community design[J]. Landscape Journal, 2002, 21 (1): 56-58.

[24] Qijiao Xie, Yang Yue, Daohua Hu. Residents' attention and awareness of urban edibal landscape: a case study of Wuhan, China[J]. Forests, 2019, 10 (12): 32-37.

[25] 刘滨谊, 陈威. 中国乡村景观园林初探[J]. 城市规划汇刊, 2000 (06): 66-68+80.

[26] 王远石. 可食用景观在城市公共设施绿地中的应用研究[D]. 重庆: 西南大学, 2016.

[27] 卢圣. 园林可持续设计[M]. 北京: 化学工业出版社, 2013.

[28] FISCHER L K, BRINKMEYER D S J, KARLES J, et al. Biodiverse edible schools: lingking healthy food, school gardens and local urban biodiversity[J]. Urban Forestry&Urban reening, 2019, 40 (4): 35-43.

[29] 刘悦来, 尹科娈, 等. 高密度城市社区花园实施机制探索——以上海创智农园为例[J]. 上海城市规划, 2017 (04): 66-68+80.

[30] 布莱恩·E. 贝森. 美国当代康复花园设计: 俄勒冈烧伤中心花园[J]. 佘美萱, 译. 中国园林, 2015 (01): 30-34.

图1-7　油菜花田

图1-18　阳台可食景观

图 1-19　屋顶可食景观

图2-4 丹麦圆形花园夏景

图2-5　丹麦圆形花园冬景

图2-14 规则式可食景观布局

图2-15 自然式可食景观布局

图 3-6　蔬菜与其他地被植物的结合运用

图 3-24　组合式锁孔菜园

图4-3 俄勒冈烧伤中心花园鸟瞰

图6-2　大连紫云花汐薰衣草庄园

图8-1-2　脉动生态花园鸟瞰

图8-1-8　水净化系统

图 8-2-2　秾好植物园鸟瞰

平面图

教学楼

出入口

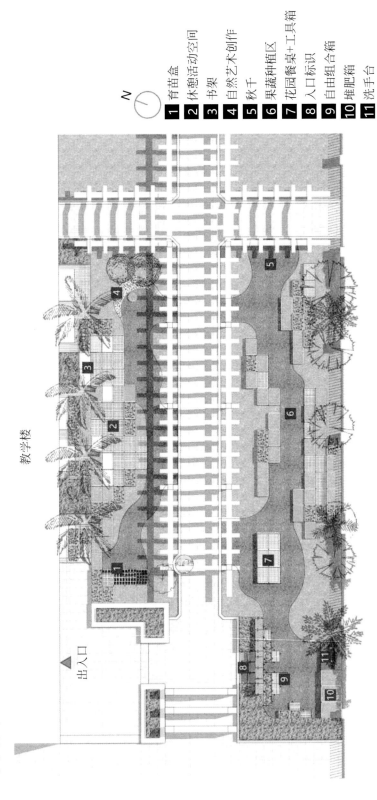

N

1 育苗盒
2 休憩活动空间
3 书架
4 自然艺术创作
5 秋千
6 果蔬种植区
7 花园餐桌+工具箱
8 入口标识
9 自由组合箱
10 堆肥箱
11 洗手台

图8-3-4　深圳·太子湾学校共建花园平面图

图 8-4-11 小蝌蚪的家——生态水池

图 8-5-1 卡拉的可食花园一角

图8-6-11 秋日麦田

图8-7-12 集装箱建筑